建筑入门课

Basics Barrier-Free Planning

无障碍设计

[德] 伊莎贝拉・斯奇巴（Isabella Skiba）
拉赫尔・祖格（Rahel Züger） 著
郝思嘉 译

机械工业出版社
CHINA MACHINE PRESS

本书主要介绍了建筑无障碍设计的基础知识。首先从相关人群的生理条件出发，分析了建成环境中存在的各类型障碍，进而引出基本的无障碍设计原则，回应不同群体的特定需求。之后，本书从建筑构件、室内设计和室外设施方面，分别介绍了设计中各个要素对于无障碍环境的影响，并综合多种技术规范与设计标准，提供切实的建议。本书从失能群体的需求切入，围绕着人的自主与独立生活展开，充分体现了“为所有人而设计”的理念。

本书不仅覆盖了无障碍设计入门所需的核心内容，同时还为读者提供了理解无障碍设计的实用框架，因此既适合建筑学及相关专业的学生与从业者阅读，也能够对希望了解建成环境无障碍设计的其他读者提供帮助。

北京市版权局著作权合同登记　图字：01—2022—6763号。

图书在版编目（CIP）数据

无障碍设计 /（德）伊莎贝拉·斯奇巴，（德）拉赫尔·祖格著；郝思嘉译. —北京：机械工业出版社，2023.12
（建筑入门课）
书名原文：Basics Barrier-Free Planning
ISBN 978-7-111-74559-4

Ⅰ. ①无…　Ⅱ. ①伊… ②拉… ③郝…　Ⅲ. ①残疾人住宅–建筑设计 ②残疾人–服务设施–建筑设计　Ⅳ. ①TU241.93②TU242

中国国家版本馆CIP数据核字（2024）第016404号

机械工业出版社（北京市百万庄大街22号　邮政编码100037）
策划编辑：时　颂　　责任编辑：时　颂
责任校对：张亚楠　张　薇　封面设计：鞠　杨
责任印制：常天培
北京机工印刷厂有限公司印刷
2024年3月第1版第1次印刷
148mm × 210mm · 2.25印张 · 65千字
标准书号：ISBN 978-7-111-74559-4
定价：29.00元

电话服务
客服电话：010-88361066
010-88379833
010-68326294

网络服务
机　工　官　网：www.cmpbook.com
机　工　官　博：weibo.com/cmp1952
金　　书　　网：www.golden-book.com
机工教育服务网：www.cmpedu.com

前言

为尽可能多的人提供平等的机会，是一项至关重要的社会目标。不同社会群体、年龄阶段和能力状态的人，在社会中所享有的地位，不只取决于他们个体的情况，往往还取决于集体的愿景。“机会平等”并不仅仅是一个政治上或教育上的理念，对于我们的物质环境，它也适用。在很大程度上，公共区域的设计方式，以及公共生活的组织方式，决定了哪些人能够积极参与其中。

因此，建筑设计师、城市规划师和景观规划师都必须考虑到失能人群的需求，并协助他们过上独立自主的日常生活。在这种意义上，无障碍设计是指不在建筑物中为失能者、儿童与老年人制造出障碍与困难。

本书是作为生活环境设计方面的基础参考指南而编写的。作者清晰地描述了各种失能的类型，以及建成环境中的要素如何对受失能影响的人群造成障碍。在建筑项目中，“符合无障碍的原则”正日渐成为一项强制性要求。鉴于此，本书不仅包含了无障碍设计的实用参考信息，而且明确了不同使用者群体有哪些需求与环境设计密切相关。本书将“充分体会认识失能与行动障碍”这一设计原则转化为设计过程中的实用指南，从而为想要成为建筑师的读者提供重要参考。

伯特·比勒费尔德（Bert Bielefeld），编辑

目录

BKS
SCHLÜSSELDIENST
DAS
Stuth
Raumausstattung

1 绪论

设计与建造规范的目标，是为建筑物配置设施、改善起居环境、优化工作场所。然而，这些目标通常都依据未失能的“普通人”的需求而制定。从统计学角度而言，这一种设计模式是适合大部分人的，也因此，它塑造了绝大部分的建成环境。然而，对于一部分不同于上述“普通人”的群体，这种模式的结果是，他们无法充分利用自己所处的建成环境，不仅被排除在主流社会的很多领域之外，而且在日常生活中也会遇到阻碍。能够独立使用自己的生活空间，基本不需要辅助，也不受任何限制性的障碍，这是每个人都拥有的权利。这个无障碍的生活空间，不应仅限于他们自己的住所，还应包括他们的整个生活环境和每一种社交场景。免受障碍的自由，也是人类平等理念的一部分，而并不限于建成环境的意义上。核心的原则是，一个人并非因自身的情况而失能；相反，“失能”这一状态是由他们所处的环境而导致的。“通用设计”和“为所有人而设计”，是建筑物、产品和服务设计应符合的最基本要求，而且已经被联合国《残疾人权利公约》（*Convention on the Rights of Persons with Disabilities*）定义为基本人权。

受到失能影响的人群

以下的几个群体，在他们所处的环境内受到行动、信息或通信等方面的限制，并因此对环境有特定的要求（图1-1）：

- 行动能力障碍的人，例如行走不便的人、老人，或者体型异常的人
- 感知能力受限的人，例如盲人、视障人士，或者聋人、部分或严重失听的人
- 认知能力障碍的人，例如心理疾病、语言功能障碍、学习困难、痴呆症

非长期性的障碍——例如暂时失去行动能力导致难以自立——也有可能让人在使用建成环境时需要协助。儿童看待世界的方式不同于成年人、怀孕期的女性行动不便、推着婴儿车的父母在停满车的街道

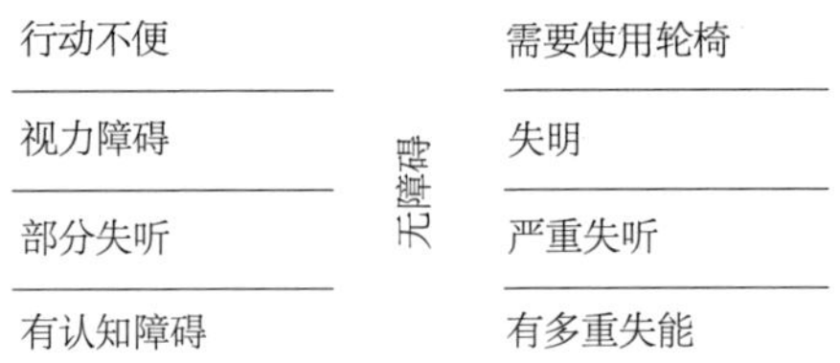

行动不便		需要使用轮椅
视力障碍	无障碍	失明
部分失听		严重失听
有认知障碍		有多重失能

图1-1　多维度的“无障碍”模型

上总是艰难通行、患病或受伤（例如骨折和扭伤）的人行动能力暂时受损……他们都是会受到临时性的障碍影响的群体。

无障碍目标

在日常的生活中，上述群体所需要的支持都超出了通常被作为参照的所谓“普通人”。无障碍设计的目标，就是让他们融入主流的生活中。

平等是很多国家和国际组织都承认的一项基本权利，它也通常在法律中得到彰显。这让一些特殊需要在普罗大众之中也得到了更多关注，从而推动建筑和街道空间的无障碍设计进入标准设计流程中。

人口发展趋势

人口的发展变化趋势有着重要意义。如果一个社会在持续老龄化，居所将越发需要适应老年群体的需求。而如果出生率上升，儿童照护场所和公共娱乐区域对于社会将更重要。年龄结构金字塔的变化，通常是由社会、政治或经济方面的变化引起的，它可以提前数年被预测到（图1-2、图1-3）。

人口的发展也受到短期变化的影响。政治或经济因素引发的人口迁移，有可能导致这类变化。

生命周期

在整个生命周期中，人对于建成环境的要求是不断变化的。儿童和老人对住所的要求，与中年时期的人有着显著的区别。因此，无障碍的设计，要求提前为未来而思考与建造——不仅要满足使用者当前的需求，还应该使生活空间能让儿童安全地使用，并能通过简便安全的改造来适应老人或行动能力受限的人。

无障碍的考量

在很多国家，无障碍设计被法律确定为强制性的要求。在提交建设申请时，就必须附带无障碍设计方面的说明，因此也需要在文本和

图纸中提供更多相关细节（图1-4）。 ○

在设计文本中，应有对建筑物和通向它的路径的表述，并解释未达要求的例外情况。这是为了明确并落实为相应的人群提供保护这一目标。

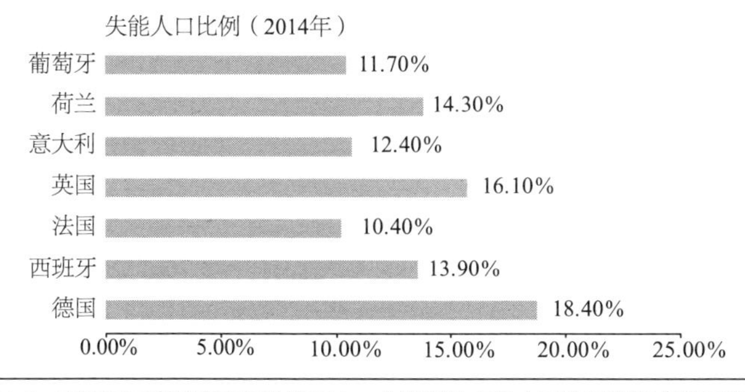

图1-2 在不同国家的官方统计数据中，失能群体占总人口的百分比（数据来源：欧盟统计局，2016年）

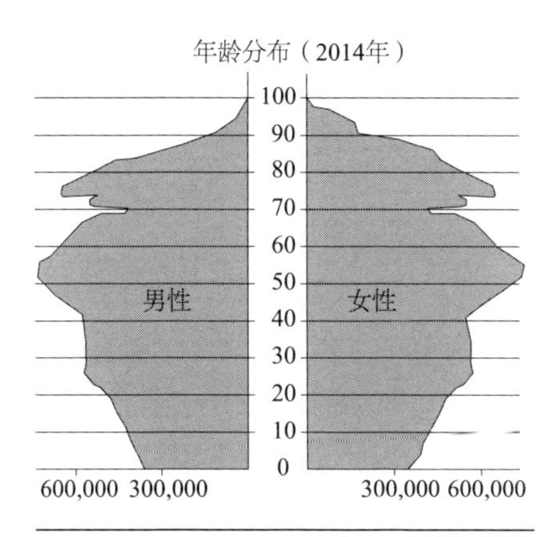

图1-3 2019年德国的人口金字塔
（数据来源：联邦统计局，2019年）

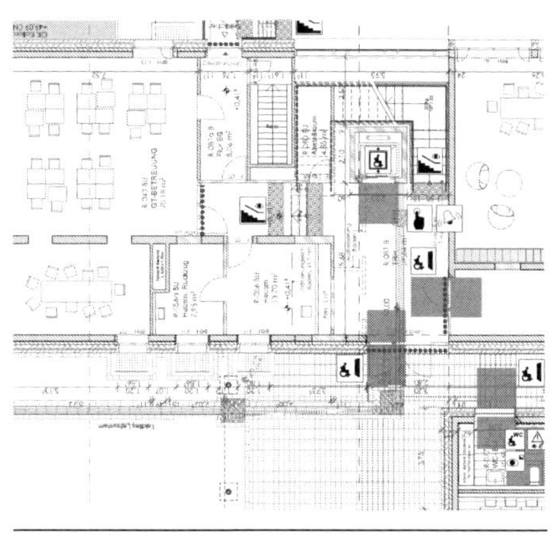

图1-4 带有无障碍考量的平面图示例

○ **注：**随着2008年联合国《残疾人权利公约》的达成，许多国家承诺在其社会中给予失能者与未失能者相同的权利和机会。此外，许多国家已通过立法，确保失能者的平等权利，如德国《残疾人平等机会法》（*German Equal Opportunities for People with Disabilities Act*）。

○ **注：**图纸上需要表现出为视障人士设计的引导系统，包括行进盲道和提示盲道、门和电梯前的轮椅回转空间、楼梯间标识、台阶标识等。自动门系统、控制元件、辨别方位辅助装置，都需用符号表示。

2 障碍与失能

为理解失能人群与其他有特殊需要群体的具体需求，读者可以借助以下对于各类障碍的概述。这些需求同生理或心理状况有关，既可能是先天的，也可能是后天的（例如由疾病、事故或衰老导致）。

不同程度的障碍

障碍涵盖了从轻微到严重的各种失能，一个人有可能受多种失能影响。年龄的增长导致身体衰弱，并逐渐限制人的行动能力（尤其是在伴有严重疾病时）。评估一个失能的人所受限制与其相应需要有根本性的困难，因为个体指标与能力状况存在差异。○

然而，理解失能群体需求对设计师而言是不可或缺的。为此，本书将个体的能力与所受限制归类如下：

— 运动障碍 / 活动与行动
— 感觉障碍 / 感官知觉
— 认知障碍 / 心理过程与记忆 ■

2.1 运动障碍

运动障碍影响人的行动能力与活动方式。外表可见的成因包括肢体的畸形或损伤，但中枢神经系统、肌肉或骨骼的损伤也会引起运动功能失常。

脑损伤

脑损伤（大脑损伤）在破坏运动能力时不一定会导致精神障碍。除了在出生前或出生过程中受损的情况，大多数与脑损伤有关的运动障碍都是中风的结果，通常致身体一侧瘫痪。根据其类型与严重性，

○ **注：**鉴于此，本书给出的估计值（例如轮椅使用者所需的活动空间）应被视为可行的建议值，而不是精确的测量值。不同的国家也会有不同的规定。

■ **小贴士：**任何考虑到失能群体的规划都必须了解他们的日常经历。借助限制视力的设备、限制活动的衣物或轮椅，可以模拟体验许多种类的障碍所致的失能。

疾病或意外事故造成的损伤有可能引起不同程度的痉挛性瘫痪：协调性受破坏、一个或多个肢体痉挛性瘫痪、一侧或两侧身体瘫痪。

脊髓损伤

脊髓损伤通常引发下肢和/或上肢瘫痪。由沿脊柱的神经纤维受损而导致的截瘫可能会造成运动或感觉方面的限制，或损伤自主神经系统功能。这些影响的严重程度不同，可能表现为一种到多种失能。

自主神经系统损伤

自主神经系统控制着生命的基础功能，这意味着脊髓受损会降低反射活动和个别器官系统的效率，危害膀胱和消化道功能、心脏和血液循环功能以及体温调节。例如，心脏和血液循环功能不足会导致呼吸短促、易于疲劳，进而限制了患者的活动范围。

体型异常

体型异常可能由遗传因素、胎儿畸形或病理性生长障碍导致。身材矮小的群体与儿童的情况相类似，他们主要的受限原因在于无法触及高处的物体。

2.2 感觉障碍

感觉障碍涉及视觉、听觉、触觉、嗅觉和味觉，无障碍的生活和工作空间设计与它们之中的一部分有关。

视觉障碍

视觉障碍指从轻度到完全失明的各种视力受限，也包括色盲和夜盲（图2-1、图2-2）。

听觉障碍

听觉障碍包括从轻度到深度的失听。先天性的听觉障碍同样会妨碍语言中枢的发展，也有可能影响平衡感和方向感并导致失衡和眩晕。失听者可能会难以辨认信号发出的位置，这意味着背景噪声（如他人交谈和交通噪声）会使他们的感知负荷过重。此外，不同于听力正常的人，他们往往无法感知到警告信号或危险征兆，例如汽车驶近的声音。

触觉障碍

触觉指的是广义上的触摸以及大脑对与触摸相关刺激的处理。触觉及其障碍可以分为两类。外感受器提供触碰带来的感知，即接触、压力、振动，以及对温度和疼痛的感觉。内感受器提供对人的躯体的内在感知，特别是对位置、力量和活动的感觉，它对于行走这类需要协调和控制的活动很重要。

图2-1　视力正常情况下，在一处公共开放区域内辨别方位

图2-2　视力受限时的景象（白内障 + 黄斑）

其他感觉障碍类型

在少数情况下，设计建筑时必须考虑到嗅觉障碍或味觉障碍。例如，一个嗅觉受限的人可能会注意不到火或燃气的气味，于是无法及时察觉到发生了火灾或燃气泄漏。

2.3　认知障碍

认知障碍影响信息处理。来自前文所述各种感官的信息，都必须经过人脑的过滤、处理和评估。认知能力包括广义上的思维过程，例如学习和记忆、识别和想象，形成结论和判断、计划和意愿。

认知障碍会导致多种缺损——记忆功能失常、思维功能失常、孤独症、社交能力受损或异常行为。它们通常会伴有其他运动障碍或感觉障碍。有一种功能失常与年龄增长有关，即痴呆症。痴呆症患者脑内的认知过程速度降低，阿尔兹海默病是其最常见的表现形式。在 90 岁以上的人群中，大约 30% 患有某种形式的痴呆症，其中女性比男性多 2/3。所有痴呆症患者都有认知障碍，它引发了情绪控制、社会行为和意志方面的变化。根据目前的人口发展情况，痴呆症的整体发病率在未来数十年内将上升。

如以失能者在其中能够独立生活为目标，任何设计项目都必须适应使用者个体的能力与所受限制情况。

3 障碍的类型

对于受长期障碍所影响的人群，以及在短期内具有特殊需要的群体（例如儿童、孕妇或病人），日常生活（通常是在建成环境内）充斥着部分或完全的障碍，让独立生活变得困难重重。针对一些典型障碍类型，本章提供了理解和识别方面的指导。

3.1 行动中的障碍

在建成环境中，受失能影响的人群往往会遇到行动上的障碍，地面高差、狭小的活动空间或过窄的走廊等都可能使他们活动受阻。对于一般人而言微不足道的问题，或许会对失能人群造成严重障碍，因为后者的身体力量、活动速度、平衡协调能力可能是受限的。

高差

克服高差，是运动受限群体在日常生活中的一项主要挑战。竖向障碍遍及生活的各个领域。例如，在没有特设的无障碍通道的情况下，使用公共交通系统是不大可能的。路缘石或台阶的高度可能对行走困难的人、推着婴儿车的父母以及轮椅使用者形成障碍（图3-1、图3-2）。

■

障碍在个人生活和工作环境中无处不在。住宅前的车道和入口、门口或阳台的门槛、需要上楼梯才能抵达的区域，都是显而易见的例子。然而，对失能人群需求并不敏感的人所不会留意的细微之处，却也经常构成障碍。例如，通道上凹凸不平的铺地会妨碍轮椅，要进入浴缸或淋浴间时有可能遭遇无法跨越的阻挡。

■ **小贴士：**为了更好地意识到日常生活中存在的障碍，我们可以想象一位失能人士的日常安排，并在这一前提下推想他们的活动轨迹。例如，想象盲人或轮椅使用者具体如何乘坐地铁、逛商店或使用公共服务。

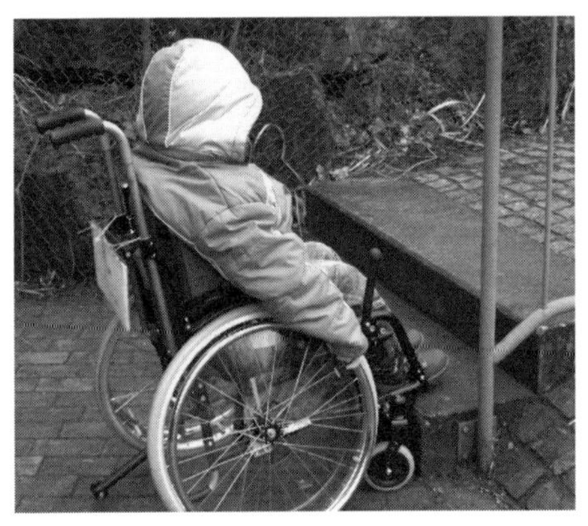

图3-1　台阶是轮椅使用者无法逾越的障碍

图3-2　排水沟在公共区域内造成了障碍和危险

通道与活动空间

相较于健全人，使用助行器、轮椅等辅助设施的群体需要更宽的交通空间和活动空间。这是因为他们可能无法绕开占道停放的车辆，或是无法到街道的另一侧去（图3-3）。公共建筑和公共交通设施的通道必须要有足够的宽度且表面平整。

为了实现独立，运动受限的人需要在他们自己的生活及工作环境中拥有充足的活动空间。这项要求适用于交通和活动空间的宽度及其附属空间，即走廊、门洞和窗户区域、工作空间、家具及卫浴设施周围。大厅和其他公共区域的过道通常足够宽，但房间之间的走廊却会成为制约助行器或轮椅使用者的瓶颈，而且由于需要开门，走廊空间的使用更为艰难。要通过旋转门或通过朝轮椅所在空间开启的门，都是非常困难的。唯一的方式是，在坐姿状态下控制着门把手，同时将轮椅向后推去（图3-4）。

图3-3　施工工地和占道停放车辆制造出的障碍

图3-4　旋转门对轮椅使用者来说是一种障碍

3.2　操作中的障碍

在无障碍建筑设计中，不仅要设置足够的交通和活动空间，还需要根据人体工程学来确定控制装置和视觉信息的位置。

○

控制装置的位置

在观察自身周围的环境时，轮椅使用者、儿童或体型异常矮小或高大的人，拥有与其他人不同的视角。因此，他们在使用为常规体型的人而设计的控制装置时，可能会遇到困难。这些装置包括门窗锁扣、门铃、电灯开关、电源插座、温控器、带控制阀的卫浴用具（水龙头、冲水阀、淋浴器）、厨房和电梯控制。如果控制装置的位置太高，或在水平方向上不能仅凭伸手触及（例如需要伸手同时身体前倾才能够到），就不适合失能人士使用。然而，任何特殊的安排都会有一个缺点：对盲人和视障人士而言，如果控制装置没有被安装在平常的位置上，就可能是一种障碍（图3-5、图3-6）。

○ **注：**人体工程学是指测量人体的形态及尺寸——包括身高和体重，以及躯干、手臂和腿的长度——并以之为依据来工作。例如，在设计工作空间或家具时，要让它们符合人体的比例。在为有运动障碍或体型异常的人进行设计时，人体工程学的考量尤为重要。

图3-5　儿童可触及范围之外的控制装置

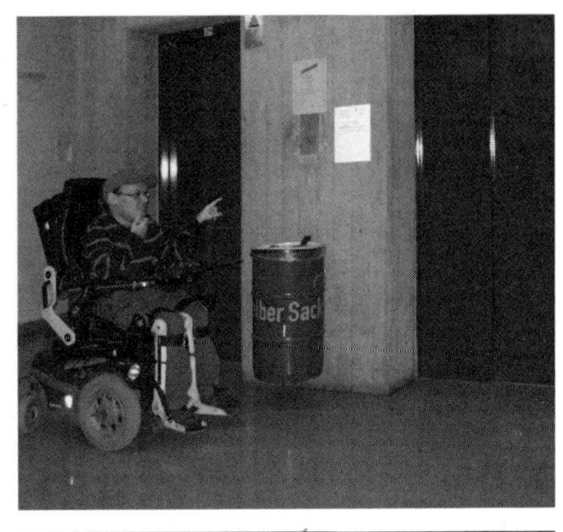

图3-6　电梯按钮位置过高，而且被家具所阻隔

人体工程学障碍

任何设备、控制装置或家具的设计，都会对失能群体产生影响。例如，电梯或门禁系统的按键如果较小，则可能让有运动障碍或触觉障碍的人无法操作它，或者让视障人士难以找到它。如果没有扶手或座椅等辅助工具，老人或病患可能很难走过较长的距离。卫浴设施如果没有设置扶手或座位，也可能让部分人无法独立使用。在台面或洗手盆的下方，如果安装有柜子，坐轮椅的人会更难够到水龙头等部件。

3.3　辨别方位中的障碍

由于失去了部分感觉信息，相比其他人，有感觉障碍的群体更容易在辨别方位时遇到困难。辨别方位的过程具体涉及哪些障碍，取决于是哪种感觉完全或部分缺失。如果没有外部的帮助，这些障碍可能是无法克服的。

视觉障碍

大部分日常信息是通过视觉传达的，视觉是我们最重要的感知途径。因此，如果公共交通信息（如车站名称、信息标志或电铃上的名称）以非常小的字体呈现，即使一个人只有轻微的视觉障碍，也会在需要识别信息时遇到问题。

更为严重的视力障碍，会让人在街道上或建筑物内更难辨别方位，因为他们有可能仅仅能够感知到颜色或对比度的变化。而在对比度较小或颜色较多的环境里，视障人士可能无法估算空间距离，吸收信息也很困难。对于盲人而言，需要克服的障碍就更多了。因为在寻路过程中没有任何视觉信息的辅助，他们不得不仅仅依靠听觉、嗅觉和触觉。当身处缺乏特征的或陌生的街道与室内空间时，辨别方位尤为困难。空间中的任何变化都构成了威胁，干扰了盲人通过记忆来寻路的过程。

■

听觉障碍

部分或重度失聪的人，在任何一种交流中都会遇到听觉障碍。在公共场所，听力正常的人可以察觉到潜在的危险事件，即使该事件发生在他们的视力范围之外。但对于听障人士来说，这类危险却并不明显。对于他们来说，公共交通公告、门铃或警告信号（火警、警报）等听觉信息是无效的；然而，对于听力正常者，这些信息有可能挽救生命。

双感官原则

辨别方位过程中的障碍应该通过向两种感官提供信息来消除。这种双感官原则（或称“替代性感知”），让听觉、视觉和触觉相互补偿，使得辨别方位和学习变得容易：

— 替代视觉 = 听觉和触觉
— 替代听觉 = 视觉和触觉

这一原则尤其应当用在警报、紧急服务电话和预警发布系统中。它也同样适用于一般的信息发布和交流。

■ **小贴士：** 在这个以视觉为主导的世界中，为了理解盲人遇到的问题，我们可以尝试在向导的陪同下，蒙眼行走于自己熟悉和不熟悉的路线上。这种个人实验可以揭示盲人在环境中遇到的大量障碍，其中既有明显的，也有不那么显而易见的。

4 设计要求

无障碍设计的首要目标，应当是为能力受限的群体或残障人士改善生活，而这是通过回应他们的具体需求实现的。在这个意义上，无障碍的建筑设计可以使失能者独立地、便利地使用建筑。在设计任务中，要面对第一个问题就是“谁是未来的使用者”：

— 特定个体：针对特定的人的需求进行调整
— 特定群体：针对某一群体的平均情况而制定
— 非特定的使用者：尽可能考虑到有不同要求的人

为特定个体设计

如果设计任务是为某个特定的人规划住所，那么它就可以做到与使用者的情况高度契合。在这种情况下，失能者可以参与到设计过程中，并亲自说明他们的需求。通过在使用者的日常生活中陪同他们，设计师得以形成直观的认识建立一个图景，从而使设计能准确符合业主具体的失能状况。不论是当前的需求，还是未来生活中出现的需求，都必须得到针对性的设计。人们会变老、会失去行动能力，因此，即使是为个人定制的设计，也必须为将来考虑，包含一定灵活性。

为特定群体设计

如果是为一个特定的目标群体做设计，设计师必须关注这个群体的普遍需求。特别要留意的是，幼儿园、老人照护机构和特殊教育学校（例如视力障碍儿童的学校）等建筑，必须既符合特定群体的需求，也要考虑到非特定的其他使用者，包括访客和工作人员。另外，如果同时有多重的失能，需求将变得高度个性化和专门化。这种情形更难处理，因为即使建筑针对主要的失能类型做出了适应，也仍然不能为特定的群体提供无障碍的环境。

为非特定的使用者设计

如果一个场所被很多不同的人群所使用，它就必须对于尽可能多的人是无障碍的。这适用于所有室外公共空间、交通空间以及公共建筑，如政府大楼、医疗机构、休闲场所等。这些场所应该包容受到失能影响但可以在一定程度上独立行动的人。然而，不可避免的是，失去某些能力的人有时会遇到障碍物。另外，在为一些使用者消除障碍的同时，也可能为另一些人制造新的障碍（图4-1）。

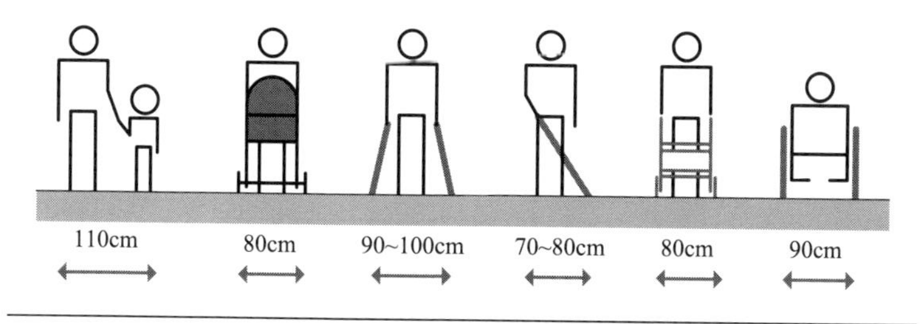

图4-1　有特殊需求的不同群体在行动时所需要的空间

以下列出了不同失能群体的典型用户画像。对于儿童和健全的老年人，相关的设计也涉及类似的问题，所以这两类群体也包括在内。本书中给出的参数，应根据具体情况进行调整，特别是为特定的个体所做的设计当中。

4.1　为儿童而设计

用户画像

从生理和心理的角度上，儿童感知空间的方式都与成人完全不同。对他们来说，成年人的世界充满了障碍和阻挡，需要一步步地去克服。门把手或开关等控制装置、卫浴用具和家具的高度，首先就对他们造成了很大的困难。很少有住所是为儿童量身定制的，因为在儿童的发展和成长过程中，环境需要做出持续的调整；而且，日常生活中的小小挑战，对儿童运动技能的发展也有着重要作用。

设计任务

大多数针对儿童需求的设计，都与儿童照护场所（幼儿园、日托所、休闲设施）或公共游乐区有关。小学的设计也会通过使用适应儿童尺寸的卫浴系统、控制装置和家具，以及适合儿童高度的窗户与护栏，在一定程度上回应儿童不同成长阶段的要求（图4-2、图4-3）。

设计原则

将孩子所需的物件安装在适当的高度上，可以从小培养他们的自信心。不过，在使用正常高度的门把手或坐便器之前，应该确保儿童已经到足够的年龄，在该成长阶段能够学习如何使用控制装置了。有些建筑可能需要低矮的洗脸盆和坐便器，或者需要为儿童提供一个额外的扶手或门把手。为了防止坠落，应设置障碍物，且这种障碍物必须是无法攀爬翻越的。向下的楼梯也可能对小孩子造成危险。尖锐边缘或可能绊倒儿童的物体，也应当避免。

图4-2　适合儿童身高的洗手台

图4-3　适合婴儿和幼儿高度的窗台

由身高造成的需要，对于儿童而言只是暂时的，但在体型低矮者的生活里，对于空间的这些要求却是长期存在的。对于异常矮小或高大的人，门、窗和橱柜的把手，以及电梯控制器、电灯开关等控制装置，需要安装在特定的高度，而且房间和门洞应设计相应尺寸的净空高度。有时，因为难以使用高处的橱柜，他们会需要更多位于低处的储存空间作为替代。

4.2　为长者而设计

用户画像

一个人对于生活、工作和休闲空间的需求，会随着从童年到老年的变化而变化。对于健全的老年人，生活空间可能仍然需要进行改造，以适应将来行动能力受限的状态。例如，室内空间和内部设施的设计，应能容纳各类用于应对运动限制或感官限制的辅助设备；必要的服务和照护设施，也应该设置在附近易于获取的地方。○

○ **注：** 搬进老人照护中心的人，往往并不愿意放弃安适的家庭生活。相比于在老人照护中心内住着标准化的房间、依照固定的时间表生活，但凡有可能，他们还是更愿意选择与人生回忆相系的家宅，选择在自己的家中有尊严地老去。

设计任务

在以老年人为使用者的设计任务中，典型的需求包括灵活可变的起居空间布局，以及各种休闲、运动和康复设施。

完善一些生活配套设施，可让居家养老的老年人便捷地获得照护关怀服务；老年人也可以选择住在专为他们设计的综合住宅区。相应的设计任务，既包括改造现有的个人住所，也包括为老年人建造住宅、居住区或传统的照护机构。能让不同年龄段的人群共用的代际共享住房，也正在成为越发重要的社会议题。

创造文化、运动和休闲的机会，以及改造城市空间，对于老年群体越来越重要，尤其是在老龄化社会。这也意味着要回应这一类人群的利益和需求以及关注诸如轮椅安置等的特定问题。

设计原则

为老年人设计生活空间时，最重要的是创造出舒适的、熟悉的生活环境。当使用者未来需要应对失能状况时，看似不起眼的技术设备（例如电梯）应可被随时使用，或至少可被及时安装和翻新。建筑物也可能需要如下改造：消除楼层平面的高差、加宽门洞、减少台阶、扩大活动空间、更换适合失能者的浴室，以及为技术辅助设备设置新电源（如紧急呼叫按钮、升降机）等。

在集合住宅的设计中，尤其需要注意的是，居住者既应当能够相互交流，同时又需要保留隐私与独处空间。

方便到达和使用个人生活空间以外的各类服务和休闲设施也至关重要，例如医疗和照护服务、日常商业服务、文化设施、适老化的交通、购物场所和绿地等。当地公共交通的便利性，也会影响居住区对老年人的吸引力。

4.3　为行动不便的人群与轮椅使用者而设计

用户画像

行动不便的人群与轮椅使用者，无论处在什么年龄，都对起居环境和公共空间有着特殊的要求。由于他们在行动中通常会使用辅助器械，建筑物内外的流线必须进行调整，以便为这些辅助器械提供足够的位置和回转空间（参见本书“5.3　通道与出入口”，以及“7.1　人行道与开放空间”）。

辅助器械

根据行动能力的受限程度，一个人可能用到的行走支持辅助器械包括手杖、腋下拐杖或助行器（图4-4、图4-5）。设计师需要熟知各种类型器械的不同尺寸，以及从旁协助的他人额外占用的空间（图4-6）。

在计算活动空间面积时，应牢记许多助行器械都无法横向移动。对电动轮椅做静力学计算时，必须考虑到轮椅本身重量是相当大的（约180kg）。

设计任务

在几乎所有具有公共性质的设计任务中，都必须考虑到行动不便的人和轮椅使用者，它们包括：老年照护机构、公共建筑（政府建筑、学校、文化设施等）、医疗设施、休闲设施、宗教建筑和城市户外空间（参见本书“7　室外设施”）。

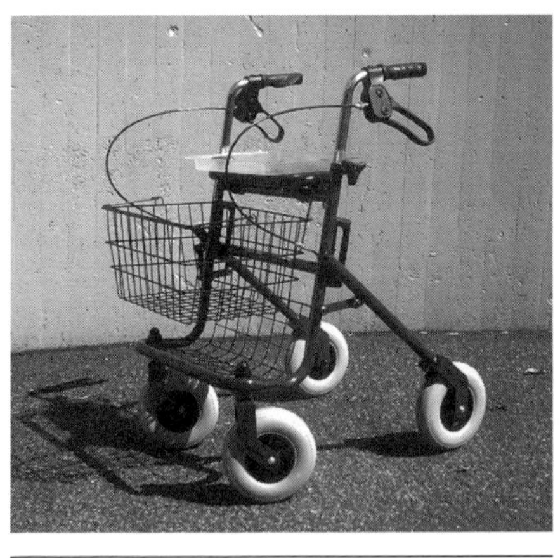

图4-4　轮式助行器（轮架）实例

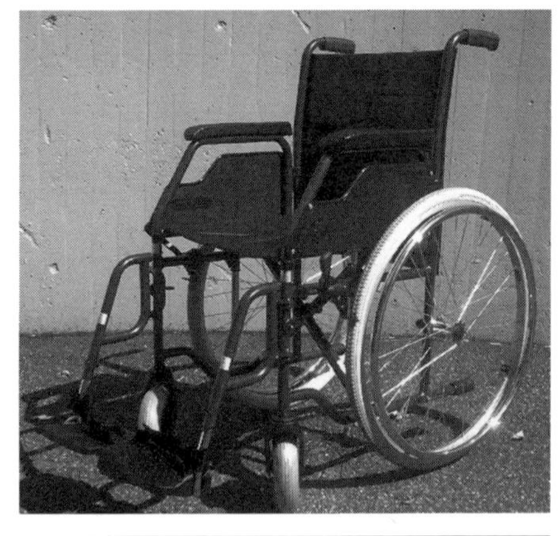

图4-5　轮椅实例

○ **注**：相比应对其他的失能状况，在“常规”的建筑和户外空间设计中，应对运动方面的需求更容易。出于这个原因，“消除障碍”常常被过度简化到等同于在建筑中设置轮椅通道。

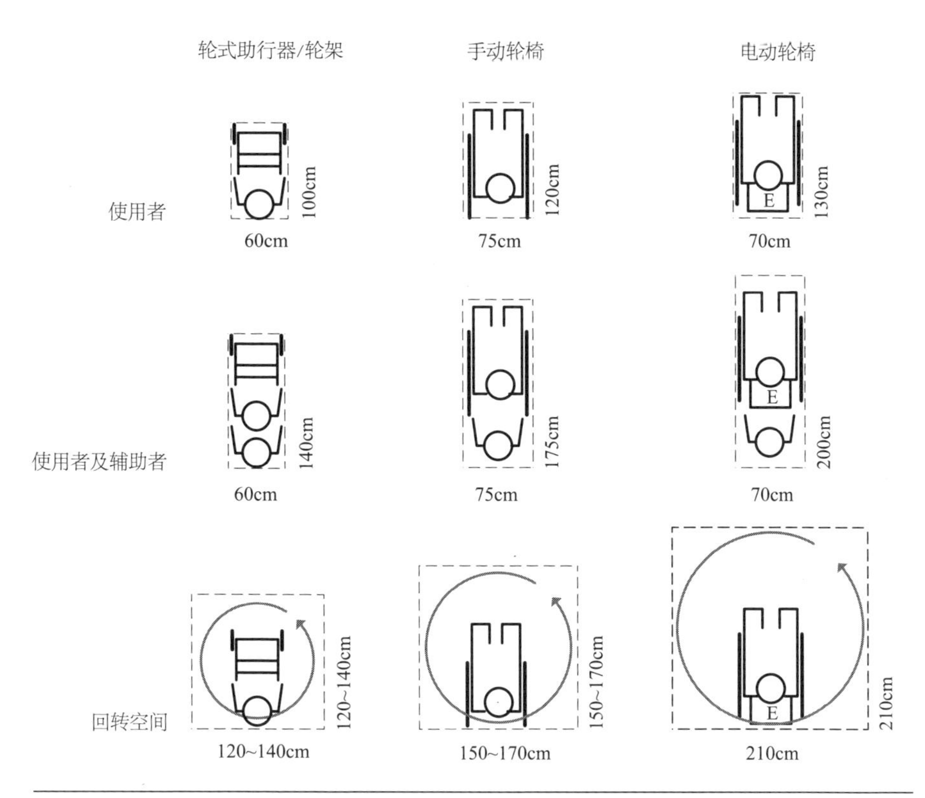

图4-6　使用不同助行器械时所需的活动空间

设计原则

在设计中，主要应关注的是失能者移动时的必要条件和所需空间。竖向的障碍，如地面高度的变化、陡峭的斜坡或阶梯，都应该尽可能避免。任何容易出现问题的区域，如连廊和门的周围，都应设计得足够宽大。工作面和控制装置的高度，如开关和装置、橱柜和窗户的插销，也应适应轮椅使用者的移动方式以及他们伸手可触及的范围（图4-7）。

可被抓握并作为支撑的部件，使行动不便的人更容易安全、独立地移动。特别是在卫生间内，应该预先有相应的设计，包括可以让轮椅进入的淋浴间，以及下方可以容纳轮椅的洗手台（参见本书“6.6　浴室与卫生间”）。轮椅也需要足够大的存放空间；如果是电动轮椅，还

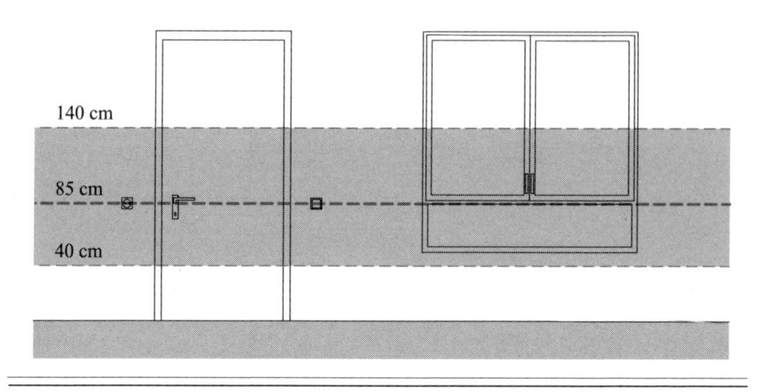

图4-7　控制装置的高度

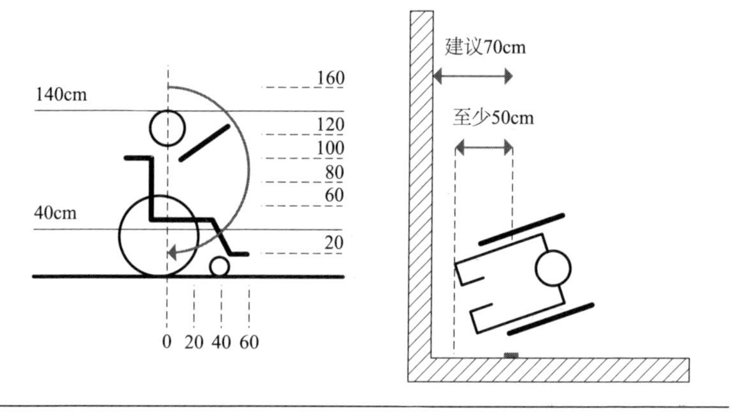

图4-8　轮椅使用者可以触及的半径

应提供一个充电站。

坐立状态的人的视野以及他们伸手时能够触及的范围也同样重要（图4-8）。任何固定的设施、控制装置和窗户，都应设置在不用过度伸展脊柱就能接触到的位置（参见本书“5.1　建造中的构件”）。

4.4　为视障人士与盲人而设计

用户画像

由于视觉是大多数人的主要感官，所以我们的环境被塑造为宜于利用视觉进行辨别方位和交流。因此，要为视障人士和盲人而设计，就需要重新思考我们所熟悉的日常惯例。视障人士所遇到的障碍，是视力正常的人绝不会遇到的。然而，与轮椅使用者不同的是，只要他们能够确定方向，并在没有风险的情况下找到自己的路线，他们面临的空间障碍就是较少的。视障人士和盲人必须从细节中解读整体环境，而视力正常的人首先对整体环境有所感知，其次才关注到细节。因此，要想成功地消除视障人士与盲人所面对的问题，就必须请他们直接参与到设计过程中。

辅助器械

传统的辅助形式，有导盲杖，为盲人专门训练的向导犬，以及向其他人（如驾车者）示意视力状况的臂章。导盲杖不断来回移动，以便探测任何阻碍前行的障碍物（图4-9）。它还能帮助盲人检测地面条件的变化。GPS设备也可以让公共场所内的行动更加方便。由于数字设备的广泛使用，与10年或20年前相比，现在有了更多的辅助器械可供盲人使用。

设计任务

这一类设计不仅仅应用在专门的建筑（例如为视障人士设置的学校）当中，它通常还应用在个人的起居空间，以及提高公共生活的包容度上，在室外公共空间、公共交通和公共建筑中，要让盲人和视障人士实现无障碍的生活，能辨别方位格外重要。在工作场所，所有带有视觉属性的工具（计算机、文件等）都必须做相应的调整。如今，大多数计算机系统和许多公共网站都提供了经过无障碍设计的选项。

设计原则

为应对视觉上的限制，需要避免危险物（图4-10~图4-12），如杆件、建筑物的悬挑部分、水平地面的高度变化，或使其尽可能容易被注意到。当缺少难以识读的文字标识时，使用颜色来标识出危险点，可以为视力受限的人提供警示（例如对车库前庭或公共建筑的不同楼层进行标记）。同时，应该避免房间内部出现过暗的阴影——照明应当是充分的，且不能造成眩光。

盲人使用导盲杖探路，因此若设置有高于人的头部或上半身的危险物，必须在地面上通过镶边或类似形式做出警示。在铺地中设置能够以触觉感知的元素，例如地面上的行进盲道或墙面上的引导线，也可以为盲人拓展更大的活动区域。

有语音功能的内部系统（电梯）或简单的听觉信号可以取代视觉感知，帮助盲人在建筑物内确定方向。凭触觉辨认的元素可以进一步

图4-9　使用导盲杖作为活动辅助器械

图4-10　上方挑出的建筑构件是盲人的危险点

图4-11　围护不足的建筑工地，对视障人士或盲人构成了危险

图4-12　街道设施导致了碰撞或绊倒的危险

减小定向的难度，可能的形式包括但不限于：墙面和地面上的引导线（例如用对比强烈的材质），以浮雕形式呈现的平面图，易于识别的气味标记（例如特意放置的气味强烈的植物）或特殊的文本与符号。

布莱叶盲文

普通的文字（如电梯中的楼层数字）可以用大字体或高浮雕代替，以便视力正常者、视障人士和盲人都能够识读。更具体的信息，则应以布莱叶盲文的形式提供。这种标准化的点阵文字可以使用冲压、切割或嵌入的方式来呈现（图4-13）。

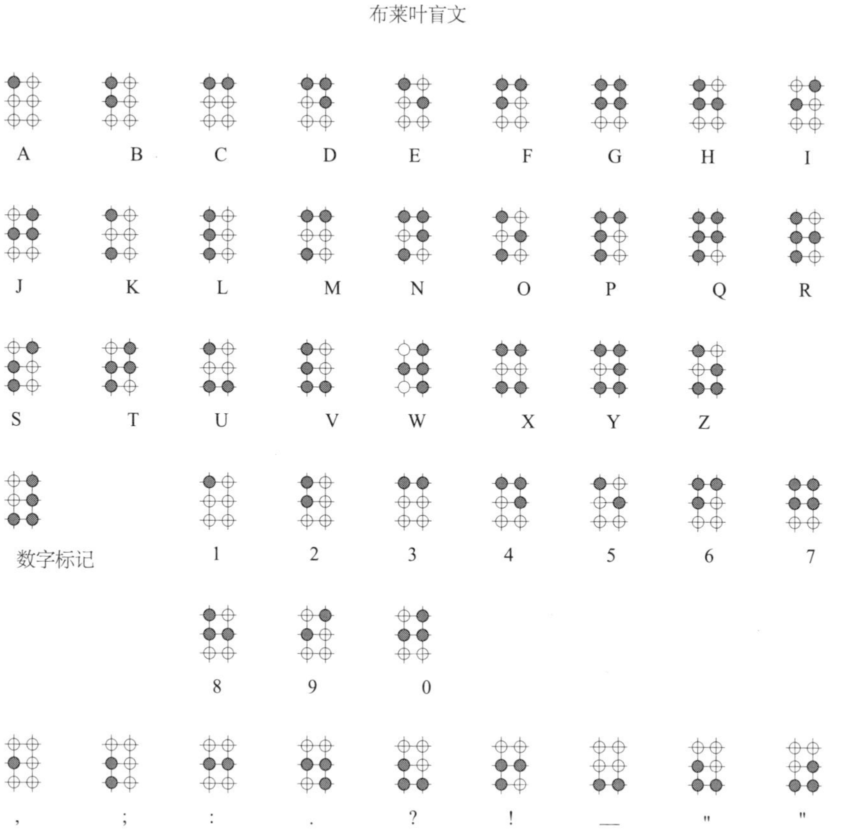

布莱叶盲文

A B C D E F G H I

J K L M N O P Q R

S T U V W X Y Z

数字标记 1 2 3 4 5 6 7

8 9 0

, ; : . ? ! — " "

图4-13 布莱叶盲文中的字母、数字和标点符号

4.5 为听障人士与聋人而设计

用户画像

对于部分或重度失聪的人来说，主要的障碍存在于听觉性的交流中。例如在个人住宅和公共区域，许多日常生活情景中都会出现口语信息或听觉警示信号。

辅助器械

电子助听器被用于弥补听力障碍造成的影响。听障人士还有可能需要轮椅，因为听觉与平衡感密切相关。助听器的工作原理是放大传入的信号，因此缺点是会混入不同来源的噪声，这会造成听觉上的混乱，而听力正常的人可以很容易地将噪声分辨出来。

设计任务

由于大多数人的感知以视觉为主，相比视障人士，听障人士在建成环境中行动时所遇到的困难会相对少一些。因此，在失聪儿童学校等专有建筑之外，为听障人士和重度聋人进行的设计，主要涉及建筑细部和建造性、技术性的构件。例如，电梯和纯声音的警报系统，必须有警示灯等视觉信号作为补充。

设计原则

在公共场所内，要为听觉信号提供视觉上的等效物（如信息标志）并不难。来自道路交通的听觉信号，如鸣笛，则是一个更大的问题。听觉正常的人能够发觉他们视野范围以外的车辆，并且能通过声音判断出车辆的速度，以及是否在刹车。而聋人不具备这种能力，因此道路交通对他们来说会更加危险。起居环境中的问题，则主要涉及内部系统（门铃、电话和其他家用电器），为此必须用视觉信号取代所有听觉信号。在工作情景中，听障人士接收不到听觉性的危险信号，所以火警警报器等装置绝不能只使用声音。他们所处的空间与社会环境，应当在他们个人行为有困难时提供包容和支持。

在餐厅和演讲厅等房间内，应使用隔声设计（如低混响和降噪系统）对各种各样的声音加以均衡，以尽量减少听觉上的混乱。在没有阴影的明亮房间内，读唇语会变得更容易。○

4.6 为有认知障碍的人群而设计

用户画像

许多有认知障碍的人无法独立生活，需要个人照护。建筑和房间的规划布局，在很大程度上影响着他们的生活质量。另一方面，有学习困难或语言能力障碍的人，相对其他失能群体更容易克服障碍。认知障碍有很多种类，且不同种类之间差异较大，这让我们很难建立通用的设计原则。然而，针对特定的群体（例如痴呆症患者），则可以提出通用的设计导则。

○ **注：**在博物馆、剧场、电影院或其他公共建筑中，感应回路系统可以直接向助听器发送听觉信号，防止声音干扰或音质损失。

为认知障碍者而做的设计，与其他类型的无障碍设计不同。他们或多或少无法独立参与社会生活，所以需要清晰易懂的起居环境。不同于前文所述的设计任务，在为认知障碍者进行设计时，有可能需要刻意阻止他们进入危险区域或外部环境，从而保护他们或为他们提供安全感。

设计任务

除特殊学校这一类建筑之外，典型的设计任务还涉及每一种住房类型，既有为协助认知障碍者融入而对常规住房所做的改造，也有为特定类型认知障碍者（如痴呆症患者）提供的住宅。

为了辅助记忆，痴呆症患者的周围环境应该由简单的、容易识别的元素组成。比如一目了然、便于寻找的房间，就好于庞大的中庭和复杂的结构；走廊应该是笔直的，不宜太长；将功能相似的房间（如咖啡馆、餐厅和公共休息室）安排在一起，有助于人们寻路。将室内走廊和安全的室外区域相连形成环形路线，符合了痴呆症患者喜欢走来走去的习惯，是一种好的设计。

○

如果病人在居家时需要他人的照护，则应在居所内设计额外的个人空间。这样照护者也能够拥有隐私，有助于他们缓解因照护工作带来的精神压力。

由认知或感觉障碍造成的温度和疼痛感觉失常，往往也会导致患者无法调节体温，这一点需要在设计中做出回应。避免烫伤风险也很重要，可以采取的措施有，将散热器遮罩起来、使用自动调节器来控制热水器和室温等。

温觉和痛觉

对于有本体感觉障碍（参见本书“2.2　感觉障碍”）或癫痫等疾病的人来说，尖锐的边缘、坚硬的表面等也是危险的，应该尽可能避免它们的出现。

○ **注：**经过专门设计的环境，能对病人产生积极影响，这被称为环境疗法。病人拥有的家具，或在患病前所熟悉的个人物品，都可以帮助他们减少不安全感。

5 建造与技术要求

5.1 建造中的构件

顶棚、墙壁和地板的构造应符合失能群体的需要，而他们所需的，并不仅仅是无须上下台阶的楼层空间。墙壁和顶棚的构造必须使抓握、支撑和升降装置等设备易于固定。这些设备可能由简单的扶手组成，但也可能包括更复杂的系统。例如，当一个人无法独立地从轮椅移动到床上时，他/她将还会需要床的升降系统。

5.1.1 表面

在选择不同构件的表面材料时，应考虑它们在以下几方面的属性：

— 力学性能，如强度、弹性和耐磨性

— 防滑和防静电性能

— 易于护理和清洁

— 防潮性能

— 与声音有关的特性，如吸声程度

— 配色方案（图5-1）和反光程度

地面铺装

轮椅使用者，行动不便者、盲人或老年人，需要特殊的地面铺装。在起居生活区域，地板应该能让足部感到温暖。地板需要避免镜面反射和静电。它还应该能够减轻脚步声，并承受各类轮椅或助行手杖的压力。

防滑保护

在使用者需要走动的区域内，必须做防滑处理，尤其是人会在赤脚状态下穿行的湿区。为避免意外事故的发生，湿区内不应有门槛或台阶，而且积水都应被立即排走。任何铺装或地面排水通道，都应该和周围地板平齐。防滑的地面铺装也必须得到妥善的清洁。地面必须保证人能站稳。根据使用的位置，防滑材料可以分出不同的等级（图5-2、表5-1）。

图5-1　在危险点的周围使用对比强烈的地面铺装

图5-2　有凸起线条的防滑地砖

表5-1　一般的防滑等级

用途	防滑等级
室外区域	R10~R12
室外停车区域	R10~R11
室外坡道	R12
室内入口、楼梯和走廊	R9~R10
会议室	R9~R10
公用厨房	R11~R12
大厨房	R12~R13
卫生间	R9~R11
需赤脚行走的干区（例如更衣室）	A
淋浴区和泳池周边的通道	B
通向水面的台阶和坡道	C

对于轮椅使用者来说，地面铺装的牢固程度很重要。减少地面铺装的变形，可以让轮椅的前行更少地被地面摩擦力所阻碍。PVC、油毡、瓷砖、镶木地板和其他硬质材料制成的地板，为轮椅提供了足够的硬度。相反，地毯则只在特定的情况下才适合选用，而且一旦选用就应铺满整个区域。

墙面　墙面首先必须要有足够的强度，以抵御如由轮椅造成的损坏；也要有足够的承重能力，以便安装用来抓握或升降的装置。石材或混凝土材质的墙体很容易满足这一点，但轻质结构的墙体需要加固。

表面设计　墙面应易于清洁，颜色和表面铺装要选择得当。为了让人更容易辨认方向，可以使用不同的颜色和材料。对于视障人士，颜色尤其重要（参见本书“4.4　为视障人士与盲人而设计”）。■○

声学和隔声　长期暴露在声压下，会对失能人士产生严重影响。声学方面的防护，对有感觉障碍的人特别重要，因为他们需要依靠剩余的听力来辨别方位和与人交流（参见本书“4.5　为听障人士与聋人而设计”）。许多聋人意识不到声音会如何影响他人，所以他们的电视机或收音机音量可能被调得很高，干扰到邻居。因此，建筑物在设计中必须考虑到建筑表面的声学属性和隔声效果。

5.1.2　门

门口通常是狭窄的，这给失能群体造成了困难。为了让轮椅使用者能够安全通过，门洞净宽不应小于90cm；对于电动门，则净宽不应小于100cm。门应该至少有210cm高，这样能确保为身高较高的视障人士提供足够的头上空间。

材料　盲人需要通过触摸来找出门框。地面铺装的盲道也可以帮助指示门的位置。为了方便视障人士，门和墙之间的颜色对比应尽可能大。透明的玻璃门必须使用贴纸进行标记。在有可能被轮椅碰撞的地方，门和门框也应该以耐用材料进行加固。

如果房屋或公寓的门需要安装用于保温和隔声的门槛，应注意门槛不能让轮椅难以越过，其高度不应超过2cm。电动门的隔热层可以安

■ **小贴士：**大地色系是合适的，因为它们会让人联想起稳定的地面，例如森林地面，或木地板。应该避免使用蓝色的色调，因为蓝色的地板看起来很湿很滑，对患有痴呆症的老年人来说尤其如此。

○ **注：**色彩对比的例子如深色背景上的白色条纹或黄色背景上的黑色文字。红底绿字或蓝底黄字都是不合适的，因为对于色盲的人来说，这些看起来都是难以辨别的灰色。

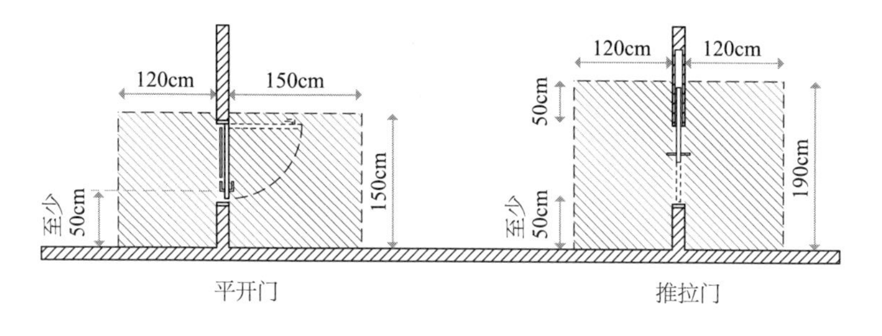

图5-3 门周围的活动空间

装在门内部，在门闭合时出现。

在门的两侧，必须提供足够的活动空间，以使失能群体能够自己将门打开（图5-3）。对于推拉门来说，两侧的空间必须更大，因为门把手的位置会随门移动，而它必须始终能够被使用者接触到。

活动空间—活动顺序

门的深度应该尽可能小，最好小于26cm，以确保坐在轮椅上的使用者也可以接触到门把手。如果无法满足这一点，门前的空间应该至少有1.50m宽。另外，也可以安装自动开门装置，特别是在已建成的建筑中。

门的深度

对于手部和手臂功能有限的人、轮椅使用者和儿童来说，通过电信号控制的电动门更加容易。门的控制装置必须在其开启半径之外。门应该沿着行进的方向打开，并在关闭前留有足够的通行时间（图5-4~图5-6）。

电动门

防止门的意外关闭，是极为重要的。特别是在使用人群大多为老年人和儿童的建筑中，应有防止挤压的措施。这些措施不仅要保护门口位置的人，还要考虑到在门的合页边缘设置防护。在门和门框之间的缝隙，可以使用安全光幕或布质保护罩来遮盖，以防手指被卡住。

安全措施

对于非自动的门，开启方向的两侧都要设置把手，以便使用者通过。轮椅使用者可以轻松够着离地85cm的控制装置。按钮式把手应该是弧形或U形的。在门合页侧（即开启方向的那一侧），应安装一个垂直于地面的扶手，其高度应对轮椅使用者和步行者都合适，这样可以方便他们将门关好。除了门把手以外，门的里侧还应该安装一

控制装置

图5-4　电动门的前方设有控制桩

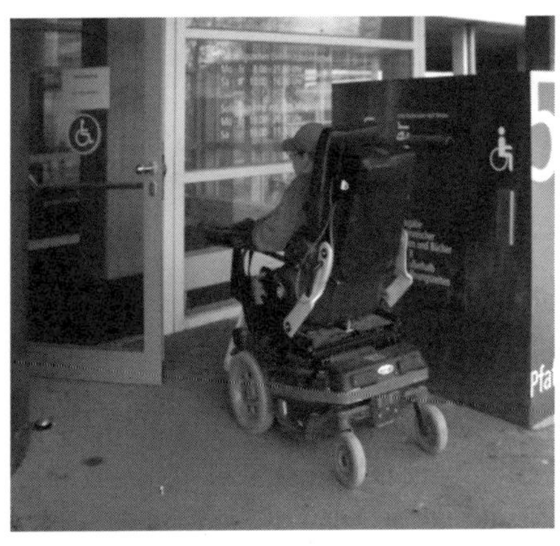

图5-5　墙面上整合了为轮椅使用者而设计的电动门门扇开关

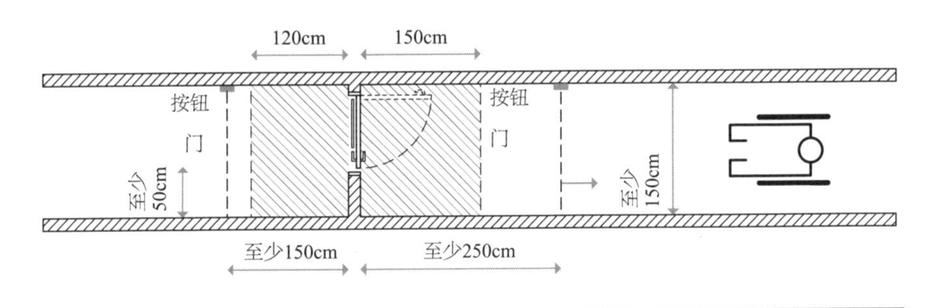

图5-6　适合轮椅使用者的电动门平面图

个高度为85cm的水平扶手，以便轮椅使用者在他们进入后将门拉上（图5-7）。

为了在紧急情况下能够快速逃生，卫生间的门应该能够从外侧向外开启。在住处的大门上，增设一个适合轮椅使用者眼睛高度的猫眼，可以提升居住者的安全感。

特殊类型的门

特殊类型的无障碍门包括特别紧凑的旋转推拉门或节省空间的折叠门（图5-8）。旋转门不适合失能群体或老年人使用。在有这些门的地方，应该另外提供适合他们使用的门。

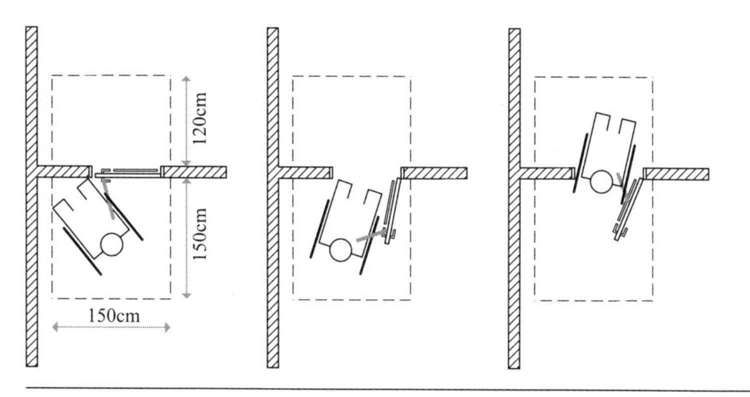

图5-7　在开启和关闭门的过程中，需要进行的一系列动作

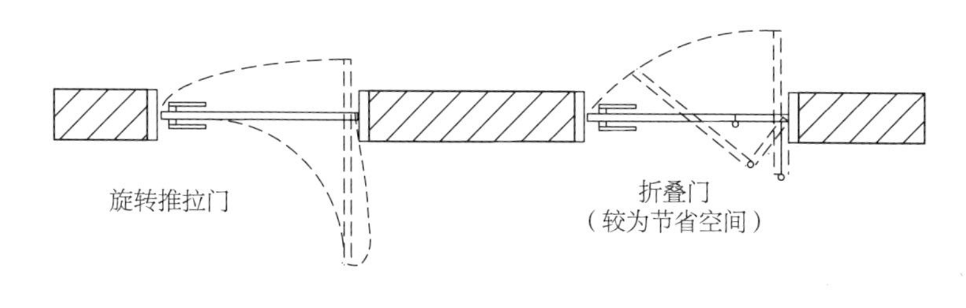

图5-8　旋转推拉门和节省空间的折叠门

入口处的门

带门廊或凹进式的设计，可使建筑物的入口免受雨水或气流的影响。在内门和外门之间，必须有足够的空间留给门厅，通常进深至少为250cm，宽度为200cm。

鞋刮板不能随意放置在地板上，而是应该被嵌入到与地面铺装齐平的位置，以防止人绊倒。为了使轮椅使用者能够用它来清洁车轮，刮板的长度应足以让车轮转过一整圈。

5.1.3　窗

对于行动不便的人和老年人来说，窗户是他们与更广阔世界联系的重要渠道。一扇位置得当的窗户，可以显著改善房间的氛围和生活空间的品质。

窗户的把手不应安装在中心位置，而是应尽可能设置得低一些，使得轮椅使用者能够在无人帮助的情况下打开窗户。为了使人轻轻一推就能关闭窗户，窗扇尺寸不应过大，且连接件应能顺畅地移动。窗户下方如果安装散热器片，会让窗户的使用变得困难（图5-9）。○

护栏

护栏不应超过60cm高。为了让坐在轮椅上的人拥有良好的视野，视高位置的窗户（约125cm高）不应该被栏杆所遮挡。这往往与通用规范中对于防止坠落的护栏高度要求相矛盾，因此必须找到建设性的解决方案，包括将窗户隔起来以免人接近，或使用加固玻璃（图5-10~图5-12）。

窗户的位置安排

通过将窗扇设计为向墙壁或家具打开，而不是向通道区域打开，可以降低发生事故的风险。相比大面积的单扇窗，分成几个可开启的窗扇会更合适。窗户也应该便于失能人士进行清洁。

窗户的类型

上臂力量受限的人，不一定能顺利开启单悬窗的窗扇。而且，开启的窗扇可能对难以辨别其存在的视障人士造成危险。

对失能者而言，水平推拉窗通常是一个好选择，因为它们在打开时不会占用额外的空间。然而，它们必须能被顺滑无阻地开闭。

天窗都应该是电动控制的，否则至少要安装一个连杆供轮椅使用者操作，而且不能阻挡轮椅回转空间。

不建议使用平开窗（水平转动），或上下推拉窗（需要向上用力推动）。

卷帘和遮阳系统

卷帘（包括安全卷帘和遮光百叶窗）以及其他的窗户防晒装施都必须是可操作的，通常需要有电动装置或机械连杆。

○ **注：** 在公共建筑中，将窗户把手等控制装置安装在同样位置，可以方便视障人士或盲人找到。

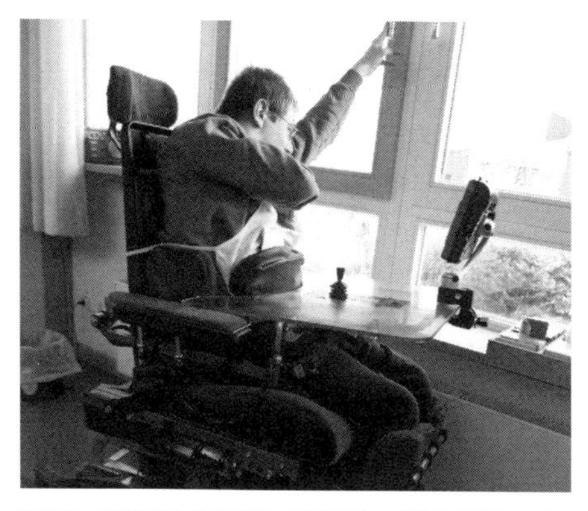

图5-9　当轮椅使用者想触到窗户把手时，被窗台下的散热器所妨碍

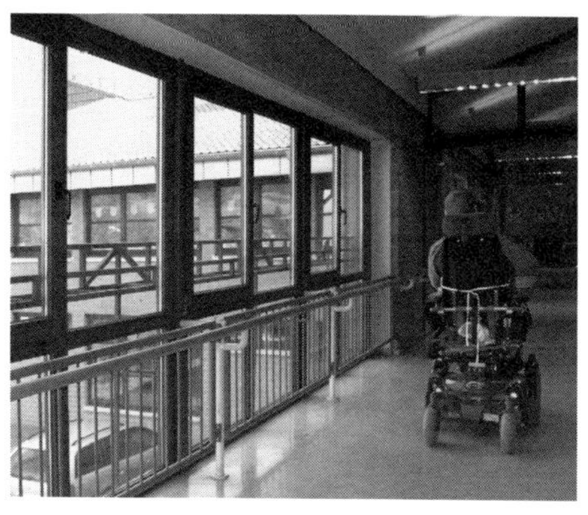

图5-10　通长的窗户需要设置扶手栏杆作为安全防护

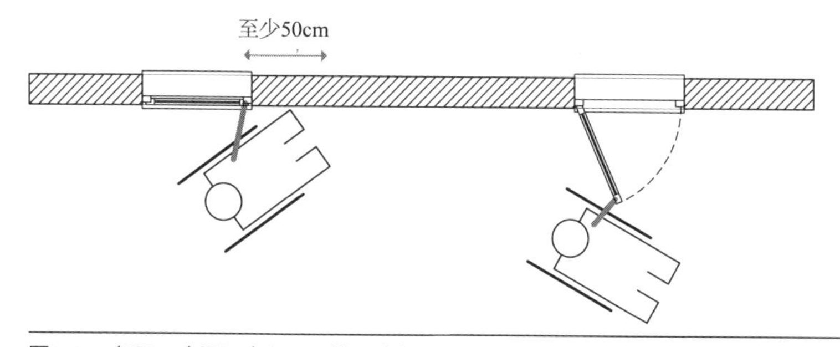

图5-11　打开一扇平开窗所需要的活动空间

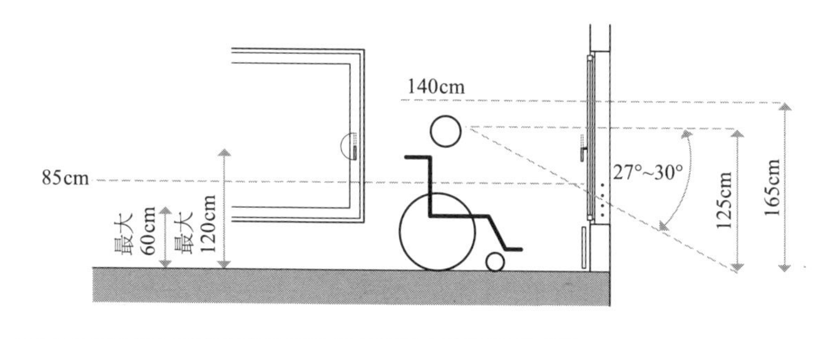

图5-12　对轮椅使用者来说理想的窗户布置

5.1.4 扶手、栏杆和挡板

当失能人士沿着墙壁、走廊和台阶行走时，扶手、栏杆、把手和挡板可以让他们更省力。

扶手和栏杆

在楼梯和坡道区域，扶手与栏杆是必不可少的。走廊、起居空间、卫生间内的扶手，也对失能群体有帮助。这些辅助设施应安装得足够牢固，以便失能人士能够将自身全部重量靠在上面，或借助它们来拉动自己的身体。在楼梯区域，或是长走廊里，扶手还能为盲人或视障人士提供触觉上的引导。通过凸起的小标记，或栏杆厚度的变化，使用者可以得知自己所在楼层或路线是否中断等信息。○

使用者应能安全、舒适地抓握扶手。通行的栏杆横截面为30～45mm的圆形或椭圆形，且栏杆需要与墙面之间留有足够距离（图5-13）。

对于轮椅使用者，理想的扶手高度是85cm，所以必须安装另外一条扶手，其高度需要适合其他成年人行走，从而达到技术规范中关于防止坠落的要求（图5-14）。

挡板和防撞带

当必须保护某些构件的边缘时，可以使用挡板或导板。挡板应有10~15cm高。为了防止轮椅损坏墙面，也可以在墙上安装不同种类的水平防撞带或挡板（例如木板）、防撞护栏（金属管）等（图5-15、图5-16）。墙角防撞带也在人们活动的区域内提供了保护。

5.2 室内系统

室内气候

相比其他人，老人或行动不便的人往往对室内环境更为敏感。由于活动能力受限，他们更需要温暖的室内环境，所以对常年坐卧的人来说，房间必须足够温暖。盲人或视障人士，与室内的各种表面接触更为频繁，所以表面温度对他们更重要。如果空气温度和地面温度之

○ **注：**为了设计面积足够的轮椅回转空间，必须考虑两个扶手之间的净宽尺寸。因此，在装修前的净宽尺寸通常超出要求的最小距离，才能让增加饰面或增设扶手后的净宽尺寸不至于太小。

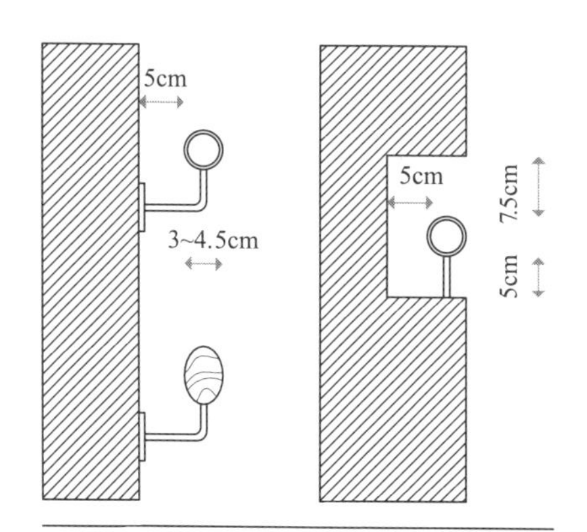

图5-13　扶手的种类和它们与墙面之间的距离

图5-14　为不同使用者而设计的双层扶手

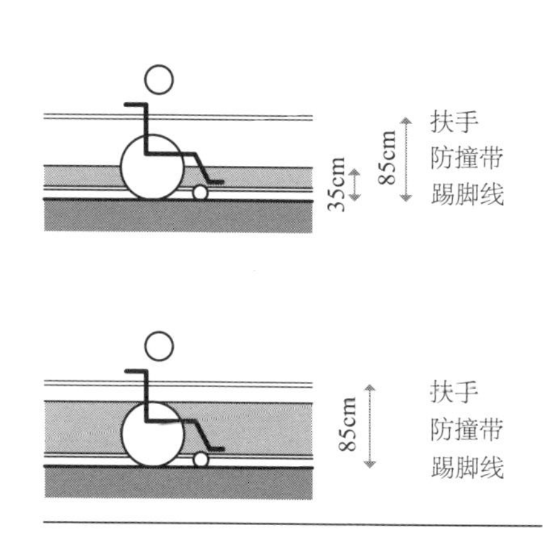

图5-15　水平防撞带的设置原则

图5-16　挡板起到保护墙面的作用

间的差异较小，人会感到更舒适。老年人尤其会对冰冷的表面感到不适。例如，在一个隔热性能很差的房子里，寒冷的表面就像阵阵冷风一样令人难受。

根据环境温度自动调节室温的供暖系统是个不错的选择，但应该让使用者能够独立自主地调控所有供暖系统。

电气安装

为失能者改造的居所能为它的使用者带来多少便利，同样取决于其电气系统的设计水平和运行状态。在失能者的日常生活中，电气设备和系统尤为重要。为了适应失能群体的需要，最重要的是让他们可以独立操作和使用所有电器。此外，如今许多家用电器产品都可以通过简便易用的应用程序进行自动化和数字控制。

安全性

失能群体往往对安全性有着更高的需求。带有视频功能的内部通信系统和由运动传感器控制的照明都能让他们感到安心。电话系统中可以整合家庭紧急呼叫服务。在卫生间里，建议安装紧急呼叫按钮。

开关和插座

必须考虑到所有电器、开关和插座周围需要的活动空间。轮椅使用者要求控制装置的高度为85cm，距离墙壁至少50cm。然而，盲人和视障人士更希望控制装置能安装在人们习以为常的高度，这样可以更方便地找到它们。

按钮应该很大，而且按动起来是顺畅的。翘板开关应该按相同的规则来设置（例如，所有开关都是通过向下摁来关灯）。按钮上的触觉标记和高对比度的设计都可以为视障人士提供使用上的方便。

公寓内的内部通信系统，入口处的门铃系统，都应该让儿童和轮椅使用者能轻松触及。门铃也应直接设在门旁边，使轮椅使用者不必走很远就能够到它，而且门也能很快打开。对于视障人士和听障人士来说，门铃面板的触觉清晰度很重要。门可以设置在没有直接接触的情况下也能自动打开（例如当人走近时）。

房间照明

没有阴影或眩光的照明，能帮助视障人士更轻松地辨别方向。盲人的家里必须有设备为来访者提供照明，并且需要设定在一定时间后能自动关闭。

一般来说，公共建筑和通道区域最好使用带运动传感器的光源。这可以降低建筑成本，也可以为残障人士免去寻找和使用灯光开关的困难。

室外照明

良好的室外照明，对提供安全感和防止事故发生起到重要作用。可以用运动传感器或感光开关来控制室外照明。

5.3 通道与出入口

建筑物内的竖向交通对轮椅使用者特别重要，对盲人或视障人士也是如此。在某些情况下，必须提供无障碍的楼梯、坡道以及电梯。

竖向通道

5.3.1 楼梯

考虑台阶的长度和宽度时，既要基于技术规范的要求，也要基于对预期使用者的了解。135cm的宽度，可以让两人同时安全地上下楼梯。一段楼梯不应该太长；即使必须很长，也应该中间设有休息平台。在楼梯上设置座位可以帮助到行走有困难的人。楼梯井应尽可能狭窄，即，楼梯的各段应紧邻，以防止人们向下看而感到眩晕。如果楼梯最低的休息平台下方空间高度小于2.10m，设置障碍以免有人走入其下方，否则可能对头部造成伤害。

楼梯

在轮椅使用者会用到的地方（例如在电梯前面），休息平台应该足够大，从而楼梯和电梯前的活动空间不会相互重叠。轮椅使用者操作转向的区域，应该始终有至少150cm × 150cm大小的空间。

作为紧急出口的楼梯，必须留出足够的空间给居住在建筑物内的所有轮椅使用者。这样楼梯间就可以为他们提供安全的区域，以等待消防救援的到来。

楼梯的每一段都必须是笔直的，并且有规则的坡度，才能让老年人和行动不便的人舒适地使用同时避免跌倒。楼梯的踏面不应从踢面的边缘挑出，因为这可能导致使用者的脚趾或脚跟卡在上方的台阶并被绊倒。

台阶表面的设计也很重要（参见本书“5.1　建造中的构件”）。如果踢板和踏板是不同的颜色，会对视障人士尤其有帮助。踏板边缘的防滑信号条、楼梯的首末台阶上的特殊标记，也都使楼梯更易用。

地面铺装

除了防止坠落的栏杆，在楼梯的两边还必须安装连续的扶手。为了便于抓握，扶手的高度应达到85cm（参见本书“5.1　建造中的构件”）。为了更好地引导盲人，在水平方向上，扶手必须向休息平台延伸30cm。在儿童使用的建筑中，建议增加一个低矮的扶手

扶手

（图5-17）。

5.3.2 坡道

在地面有轻微的升高时，坡道可以帮助到携带助行器、推婴儿车的人以及轮椅使用者。对于轮椅使用者来说，坡道的坡度和宽度是最重要的参数。为了让他们能够独立行动，最大的坡度是6%。如果坡道长于6m，应提供至少150cm长的休息平台，让他们有机会停歇。对轮椅使用者来说，含有急弯的坡道是很难通过的，应该避免这样的设计。坡道两侧需要有高度为85cm的扶手，且在坡道的起点和终点，这些扶手应伸出至少30cm。侧面的挡板高度至少为10cm，以防止轮椅从坡道上滑落（参见本书“5.1.4　扶手、栏杆和挡板”）。设置挡板后，坡道的净宽也不能小于120cm（图5-18、图5-19）。

坡道周围不应该有任何可能导致危险的因素，如交通车道、台阶等。坡道也不应该是到达上方楼层的唯一途径——楼梯或电梯也应该与它一同设置，从而为行动不便但能够使用楼梯的人群提供选择。

图5-17　楼梯栏杆带有为儿童增设的扶手

图5-18　带有休息平台的室外坡道

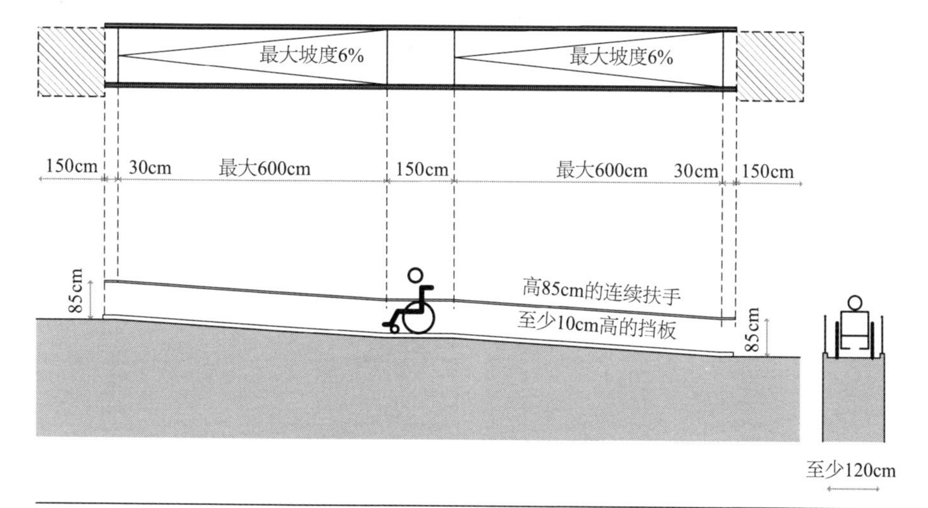

图5-19 适合轮椅使用者的坡道示意图

5.3.3 电梯与升降机

电梯使轮椅使用者、行动不便的人和老年人能够在多个楼层之间独立地移动。任何公共建筑或私人公寓楼都应设有电梯。电梯必须让失能者能够独立操作和使用。私人建筑只有在四五层楼高时才需要电梯，而公共建筑应确保设置通向所有公共房间的无障碍通道。停车区（特别是地下车库）也必须有电梯可供使用。 ○

尺寸

对于轮椅来说，电梯轿厢内至少需要1.10m × 1.40m的净空。有些类型的电梯可能需要更大面积的电梯井。无障碍电梯必须可以从公共通行区域到达，且途中无须上下台阶，同时必须能在每一层停留。最好能设置至少一台可以容纳担架车的电梯（在许多情况下，这也是法律所要求的）。这种电梯的轿箱需要有至少1.10m × 2.10m的净空。 ○

○ **注：**因此，所有的逃生楼梯都必须在逃生通道的规定宽度之外提供额外的空间，以供轮椅使用者停留等待救援队的帮助。

○ **注：**对于电梯的设计和运行，每个国家都有各自的具体规定。技术和尺寸设计的原则可从电梯制造商处获取，如电梯井的宽度和高度（根据轿厢的尺寸确定）。

图5-20　电梯配有轮椅使用者适用的呼叫按钮

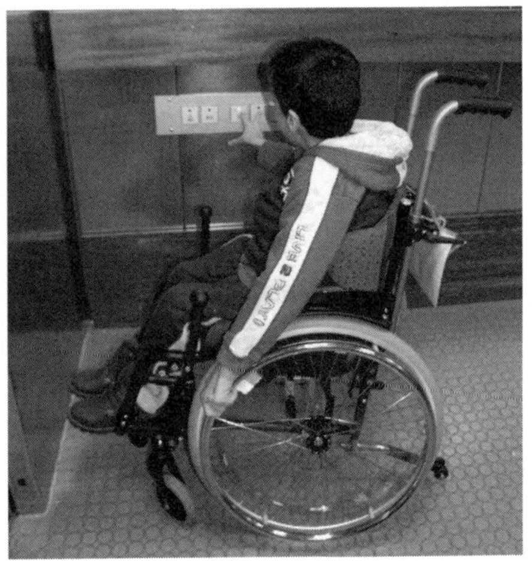

图5-21　一位轮椅使用者在搭乘电梯

电梯门

电梯门的净宽应不少于90cm；为安全起见，应尽量设置与电梯门齐高的安全光幕。井道门槛和轿厢门槛之间的间隙必须尽可能窄，以防止手杖或导盲杖被卡住。门也应该是电动的，并有至少210cm的净高（图5-20）。

活动空间

在电梯前面，需要至少150cm × 150cm的活动空间，以便排队。如果电梯门面向楼梯出口，则需要150cm × 250cm的区域，以使轮椅使用者和楼梯上的人在使用这些设施时不发生冲突。当轮椅使用者面朝前驶入较小的电梯时，如果他们在电梯内无法转身，以至于必须倒退出电梯，则电梯门外需要留出足够的转弯空间（图5-21、图5-22）。

控制装置

控制装置应便于所有使用者触及，特别是轮椅使用者和盲人。控制按钮直径的大小必须是50mm左右，并带有凸起的文字或符号（如报警铃），让盲人和弱视者都能读懂。这些按钮应该有凸起的边缘，这样可以更容易地单个触及，并防止手指从按钮上滑移。

轮椅使用者需要一块额外的、能够被使用者俯视的横向布置的控制面板。它应该离轮椅的外缘至少50cm远，离地面85cm高（图5-23、图5-24）。控制面板的左右两边应该设有扶手，为行动不便的人提供支撑。在电梯门对面应设置一个适应坐姿高度的镜子，以帮助轮椅使

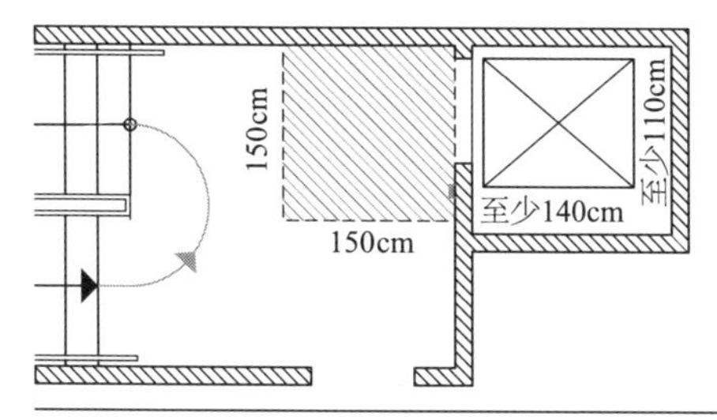

图5-22 在开向楼梯间的电梯门前，轮椅使用者需要回转空间

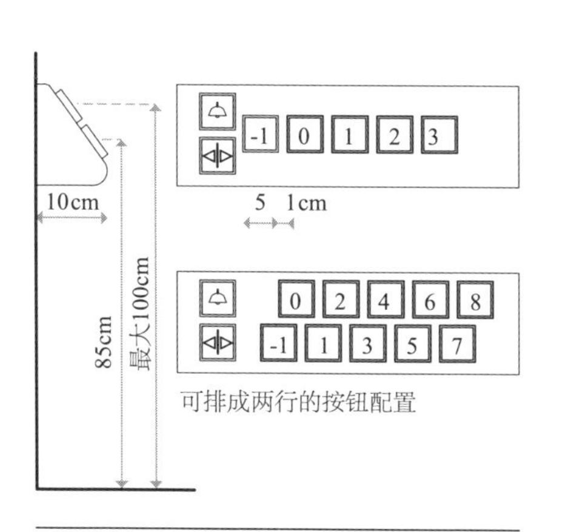

图5-23 横向布置的电梯控制按钮的各种尺寸

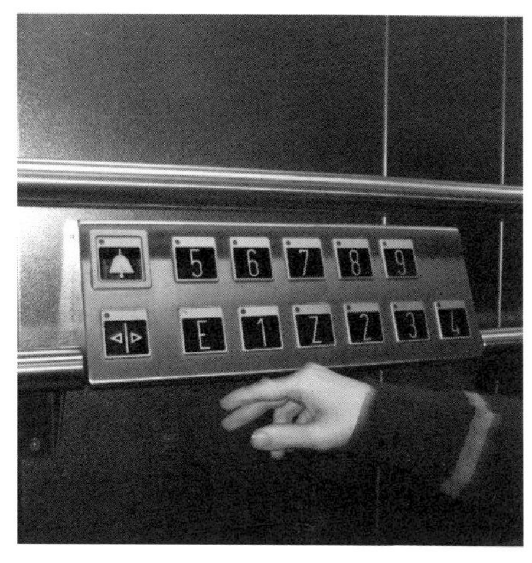

图5-24 为轮椅使用者而设置的横向控制按钮

用者在向后退出时进行转向。

对于盲人和视障人士来说，在他们预期的位置上，应该设有额外的垂直控制面板。除了在视觉上对抵达的各楼层作出指示外，也应有声音信号作为补充。

升降平台和楼梯升降机

专门为轮椅使用者和行动不便的人而设计的综合升降平台，可以帮助他们克服微小的高差（例如入口处的平台）。在挂牌的历史保护建筑和私人住宅中，如果不能以永久性的方式安装电梯，可以使用沿着楼梯移动的座椅式升降机。

6 室内平面布置

在无障碍户外空间和公共建筑（参见本书“7.1 人行道与开放空间、7.3 停车场与车库”）以外，建筑师的设计任务主要围绕人们对生活空间的要求。因此，以下各节将重点讨论私人住宅中的生活空间（也适用于老年照护机构和餐厅等）。本章也会讨论在工作环境中和公共建筑中的特殊情况。

6.1 建筑物入口区域

无障碍设计并不止于建筑物本身，还应延伸到地块的边界与建筑入口之间的区域。除了道路之外，这里可能还包括停车位、游戏区、花园、垃圾回收设施和室外照明。○

信箱

信箱必须设置在轮椅使用者能够触及的位置，轮椅应能直接开到信箱的前方（图6-2）。

在主要由老年人使用的建筑中，室内邮箱装置可以用不同的颜色进行装饰，以方便老人进行分辨。

地垫不应随意放置在地板上，而是应该被嵌入到与地面铺装齐平的位置，以防止人绊倒。为了让轮椅使用者得以用它来清洁车轮，地垫的长度应足以让车轮转过一整圈（图6-3）。

轮椅和婴儿车的存放空间

如果建筑物中的部分居住者需要使用轮椅，那么应在内部入口处（即室外空间和起居空间之间）提供轮椅存放空间（图6-4）。轮椅存放空间应足以允许人在其中更换轮椅（尤其当居住者同时拥有供室外使用的电动轮椅和室内使用的轻便手动轮椅时）。为了能给电动轮椅充电，需设置一个离地面85cm高的带控制装置的插座。另外，还应设

○ **注：**居住者必须能够自己到达并使用建筑物外的垃圾回收站。特别是大型的垃圾箱，必须设置得比人行道低。在不超过70cm的高度上，轮椅使用者可以没有困难地将垃圾丢进去（图6-1）。

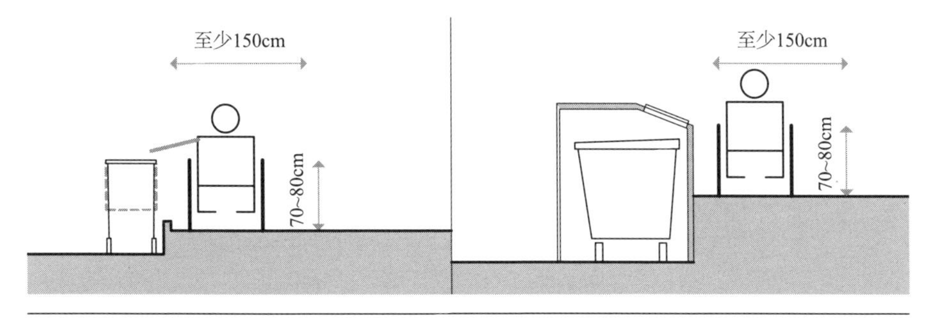

图6-1　下沉式的垃圾回收站

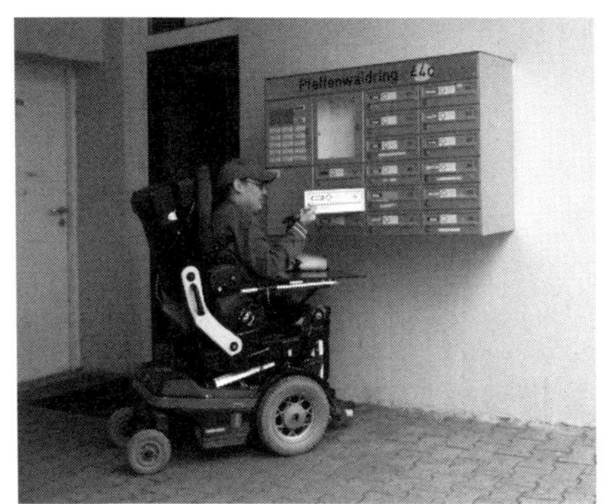

图6-2　信箱装置应触手可及

图6-3　放在入口门前的地垫

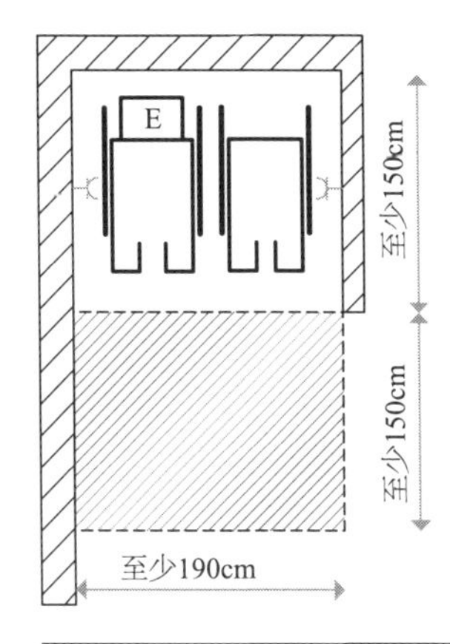

图6-4　轮椅需要的存放、移动和操作空间

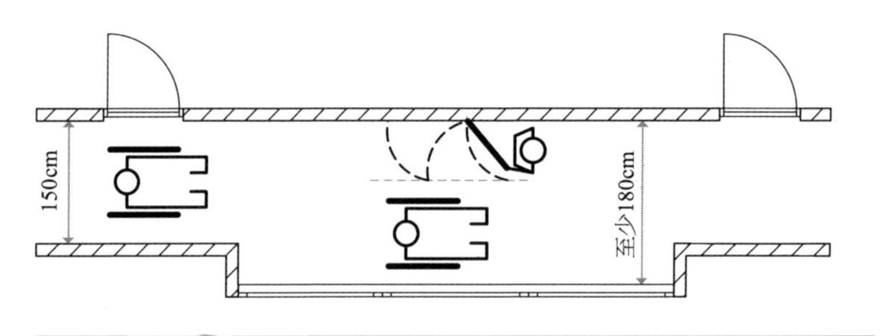

图6-5　在常规的通道区域和走廊里所需的通行宽度

计婴儿车的存放空间。

6.2　通道区域与走廊

走廊和其他通道区域应始终保持没有障碍物。敞开的门和窗扇，或凸出的建筑部件，在通道区域中都会成为障碍，并给视障人士和盲人造成危险。通过在门的周围设计凹进或规定门窗的开启方向，可以保证走廊基本没有障碍物。在适合失能者居住的建筑里，轮椅使用者也应该能够在走廊里双向同时通行，这意味着走廊的宽度应该至少有150cm，最好180cm（图6-5）。

辨别方位

不同材质的地面铺装，以及对比度强烈的墙面设计，可以帮助人们辨别方位。使用不同类型的照明来区分不同的岔路、电梯和楼梯，也能够提供引导。

6.3　居住单元的入口区域

对于私人住宅的入口，门内门外都需要有充足的活动空间。进入大门之后的入口区域包括门厅、衣帽间，可能还有卫生间和储藏间，以及通往其他房间的通道。在为失能群体进行规划时，各个区域必须使居住者在门打开的情况下也能有充分的活动空间——轮椅使用者需要至少160cm×160cm的空间，以便在门打开的情况下进行360°的转弯（图6-6）。

室内入口区域还应包括衣帽间和一个用来放置钥匙和电话的架子。如果入口区域很大，可能需要一个扶手。对于轮椅使用者来说，

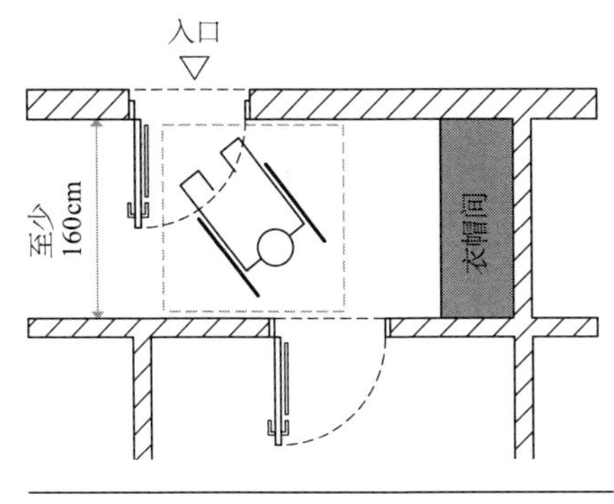

图6-6　入口区域的侧面设置衣帽间

狭长的入口区域并不方便，尤其因为入口区域还需设置衣帽间。理想情况下，侧面应该有一个作为衣帽间和放置置物架的凹洞。

6.4　起居空间与卧室

起居与休闲空间

在失能者起居空间的设计中，最重要的是使得失能者可以独立生活。当一个人要实现独立，合适的家具可以起到很大帮助，但必须避免事故发生。失能者，特别是轮椅使用者，往往无法使用特定高度的橱柜和架子。可旋转、升降或伸缩的储物家具，都可以方便失能者。相比其他的开启方式，卷帘门或推拉门更容易打开。家具应该足够稳定不会轻易倾倒，从而让人能放心地倚靠在上面。

椅子和沙发的高度都应与轮椅相同（46~48cm），以方便使用者从轮椅转移到它们上面。当人坐在轮椅上时，大件家具的下方空间需能容纳腿部。具体来说，桌子需要大约80cm高，桌面下方有67cm高的空间。工作桌面最好可以进行高度调节。上述物品均应与其他家具相隔至少150cm，以留出活动空间。

对于盲人来说，家的感觉是通过视觉以外的感官来传达的，这意味着他们的起居空间与视力正常的人不同。例如，由于盲文字体的尺寸较大，盲人用于存放书籍的空间比通常要多80%。

卧室

卧室是特别安静和私密的场所；比起未受到失能影响的群体，失能者会在卧室中度过更多时间，设计房间时应充分考虑到这一点。在

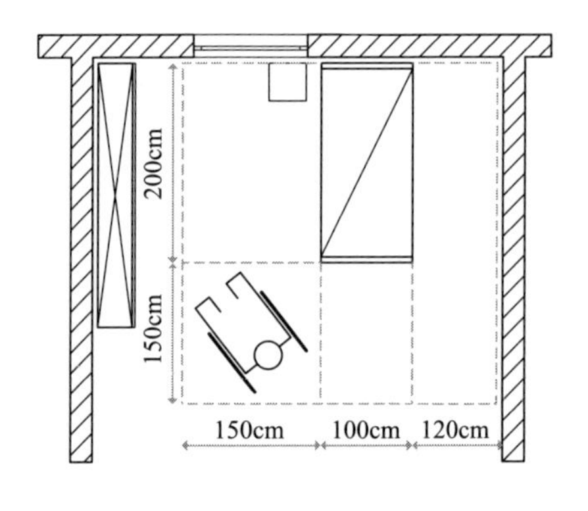

图6-7　轮椅使用者的床铺周围所需的活动空间

养老院，卧室也可能兼作私人起居室使用。轮椅使用者、盲人和视障人士以及老年人，对于床的放置方式各有特殊的需求。对于轮椅使用者来说，不同的上床习惯（从侧面或床尾上床）所需的活动空间就不同（图6-7）。对于需要照顾的严重失能者，单人床的两侧必须都是可达的。两侧的活动空间分别应有150cm和90cm宽。

病人使用的电梯或升降机可以直接与卫生间连接。在进行楼板静荷载计算时，应当将这类设备的重量考虑在内。卧室中还应当设有额外的灯光开关、警报控制装置和在床上就能触达的插座。

出于实用和卫生方面的考虑，最好（或甚至必须）将卧室安排在卫生间旁边。

6.5　工作区域

工作区域的设计应符合前文对出入口和活动空间的要求。个人工作空间的规划和设计必须考虑到失能员工的能力状况。

生产场地

除了为失能者设置的专业车间，常规的生产车间几乎都没有无障碍的工作空间。但若有必要，应精心规划这类空间。首先必须考虑的是失能者的安全和事故预防措施，以及该空间内的工作流程。例如，听障人士只能通过视觉来感知危险，那么工作场所的布局应该使得任何可能的危险源都在他们的视野中。

家庭或工作环境中的办公区域必须符合人体工程学的设计，让使用者能够轻松地使用所有工具和设备。办公桌下方应能容纳轮椅；此外，对于轮椅使用者和行动不便的人来说，所有控制装置都应在伸手可及的范围内。

办公室和使用计算机的工作区

计算机的显示和输入可以根据失能群体的特定需求进行调整，但在工作中的一大困难可能是他们与未失能者的沟通。文本一般没有盲文或有声读物的形式，客户可能不习惯与失能者互动，打电话对聋人来说可能很困难。盲文键盘、电子邮件通信以及可将文本转换为语音的计算机程序或语音识别软件，都可以帮助失能者和未失能者进行交流。

信息交流

○

6.6 浴室与卫生间

在设计卫生间时，应尽可能地让失能者可以在无须他人帮助的情况下独立使用。住所内卫生间的布置应尽可能地满足使用者的个人要求。例如，为卫生间设置面向卧室的门口同时，也可以增设一个面向走廊的门口。如果有计划额外设置一个客卫，则在住所的整体规划中应优先确保将主浴室安排在近卧室处。

轮椅使用者对活动空间、门和门槛、卫生用品和各类控制装置都有特殊的要求（参见本书“5　建造与技术要求”）。

卫生设施

合理的卫生设施、配件和辅助工具，对残疾人和老年人来说至关重要。在私人住所内，卫生用具的尺寸可以根据个人需求进行调整，不必按照公共建筑内常见的做法。在设计房间的尺寸时应为洗衣机和浴室设备留出足够的地面空间。地暖可使房间更加舒适，且避免地毯和垫子等物可能导致的绊倒危险。

每个卫生用具周围至少应预留150cm × 150cm的活动空间。一般来说，每次只有一个人使用浴缸，所以不同用具周边的活动空间可以相互重叠（图6-8~图6-10）。

○ **注：**无障碍地使用大众媒体和互联网，对失能者的独立性尤为重要。例如，提倡使用大字体和符号的易读网站。

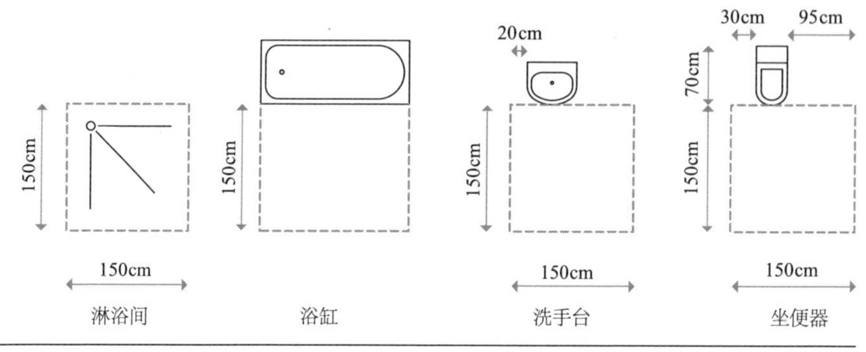

图6-8　淋浴间、浴缸、洗手台和卫生间所需的活动空间

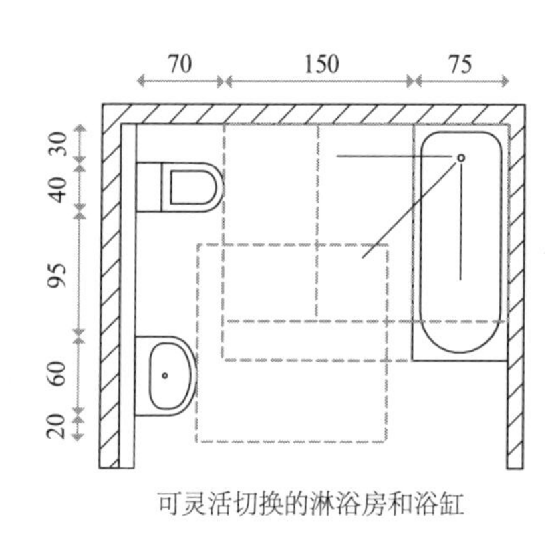

图6-9　在私人使用的浴室内，设有可灵活切换的淋浴房和浴缸，各活动空间可重叠

图6-10　淋浴器和坐便器周围的活动空间可以有所重叠

淋浴区

对于行动不便的人，特别是轮椅使用者，淋浴区不能有台阶阻碍他们或轮椅进出。淋浴区也是一个活动区，应设置一个折叠式的座椅和几处扶手，从而方便人在轮椅和座椅之间转移（图6-11）。排水口必须与地面持平，四周有1%~2%的轻微坡度。人坐着时，各种架子都应在伸手可及的范围内。淋浴隔断的布置不能限制自由活动空间，由此，防止溅水的最佳方法是使用可移动的浴帘。

浴缸

使用浴缸对轮椅使用者和行动不便的人来说很困难，不过通过机械辅助工具（如升降机）可以使进出浴缸更轻松。此外，也可以使用

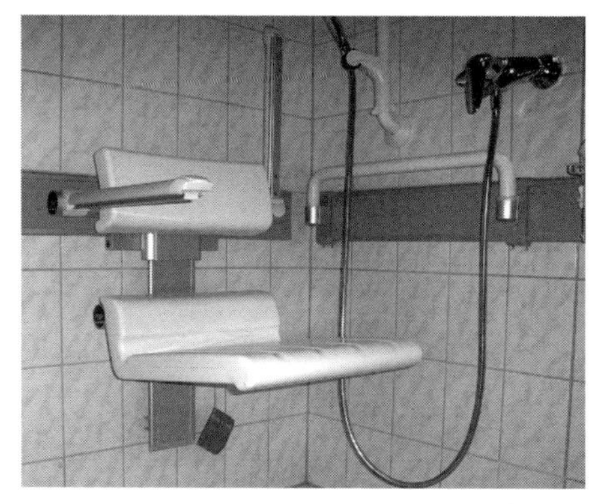

图6-11　一种适合轮椅使用者的淋浴座椅

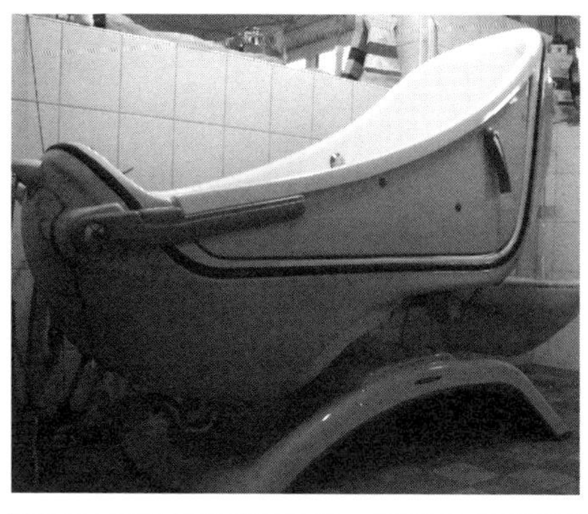

图6-12　便于行动不便的人使用的浴缸

步入式浴缸或可移动的浴缸（图6-12）。如果浴缸乃是供失能者独立使用，则必须设置扶手。

对于轮椅使用者，洗手台的高度应该在80cm左右。坐在轮椅使用洗手台的人应能将腿完全放在洗手台下面，因此，从洗手台边缘向内30cm的范围内，台面下方需要留有67cm高的空间（图6-13）。

洗手台的两边都应该有扶手或支撑杆。它们也可以作为毛巾架。将洗手台设置在较低的位置（大约45~50cm高），会更方便使用者触及配件和皂液器。所有的功能（如储藏空间、皂液器等）都必须在触手可及的位置上。镜子的设置需适应轮椅使用者的高度（下边缘距地面高度为90~100cm）。如果有不同的使用者，最好设置高度可调节的洗手台。

便器

卫生间应该设有一个离地较高的座位（高46~48cm），这能让上下轮椅变得更容易，并让行动不便的人更轻松地坐下或起立。如果有必要，还应该在两侧安装可折叠的扶手来支撑手臂，其高度为85cm。

○ **注：**失能者专用的洗手台应配有扁平的虹吸管，这样就不用在洗手台下方安装可能会妨碍失能者的管道。在设计过程中，应考虑将墙上的进水口和出水口放得更高（仍在失能者触手可及的范围内，但尽可能少地阻碍失能者进行其他操作）。

图6-13　在为轮椅使用者设置的卫生间内，洗手台被固定在适应轮椅使用者的高度

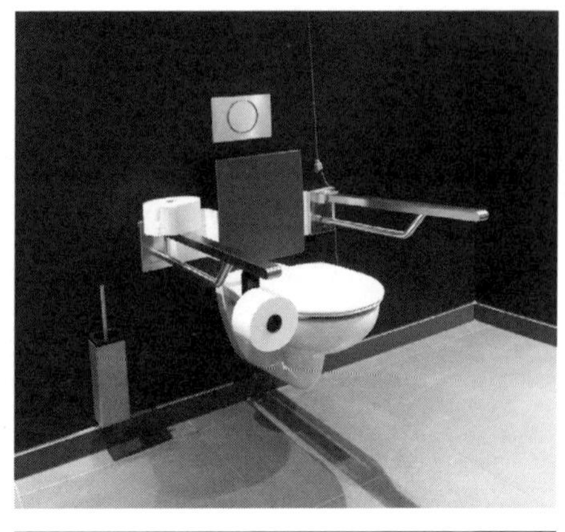

图6-14　适合轮椅使用者的坐便器，在两侧都留有便于人进出的空间

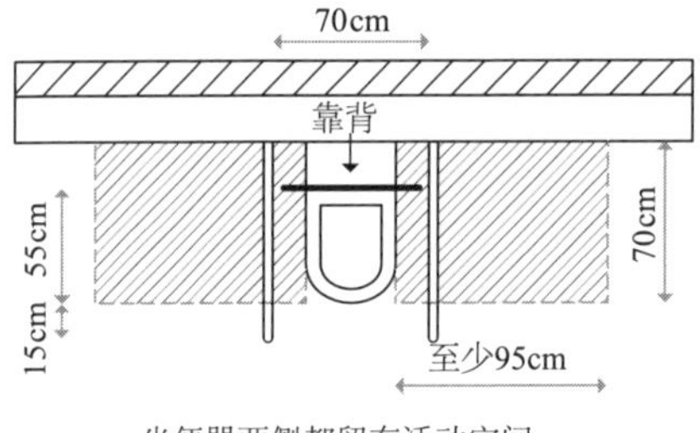

图6-15　在公共卫生间配备扶手和支撑杆，且两侧都留有空间

扶手之间的距离应为70cm，且扶手应该较坐便器前沿凸出15cm。厕所周围的活动空间应该能够让人从两边靠近（这对偏瘫的人至关重要）（图6-14、图6-15）。在私人使用的浴室中，则可以只在一侧提供活动空间。

○ **注：**可调节高度的坐便器，能够在升高或降低30cm的范围内灵活地变动位置。使用者可在使用过程中调整高度，例如为了更方便站立起身，可将坐便器调高。这种坐便器由遥控器控制。此外，厕所的整体进深应该为70cm，足够的活动空间可以让人在轮椅和坐便器之间轻松移动。

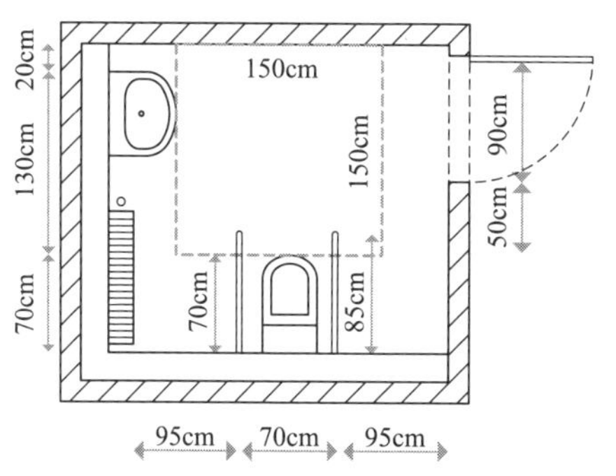

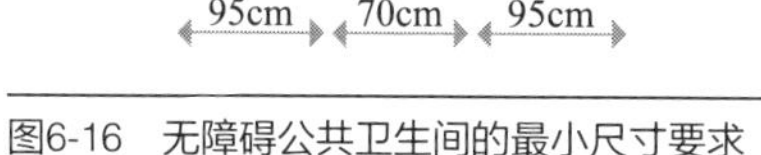

图6-16　无障碍公共卫生间的最小尺寸要求

图6-17　无障碍公共卫生间

老年人或失能者往往难以启动标准的冲水装置，如冲水阀或水箱。因此，应在支撑扶手的前部安装一个操作冲水的按钮。如果卫生设施主要由儿童或体型较小的人使用，应设置高度约为48cm的低矮坐便器和小便器。在低龄儿童使用的设施（例如日间托儿所）内，厕所的高度应在26~40cm，以便训练儿童如厕的能力。

控制装置

控制装置，如浴室设备或坐便器冲水控制装置，应安装在85cm的高度，并且是在触手可及的地方。它们应该易于操作，同时没有锋利的边缘。带有加长手柄或运动传感器的单体水龙头，更方便人独立使用。为防止烫伤，还可以加设温度调节器。

公厕设施

公共建筑和餐馆的公厕设施中，应至少设置一个不分性别的无障碍厕所和一个带低位坐便器的母婴室供儿童使用。对坐便器、洗手台和镜子的要求与上述要求相同，但公共厕所还必须设置紧急呼叫系统，且需让在坐便器或地面站立的人都能触手可及。此外，还应设置一个地漏，以方便清洁（图6-16、图6-17）。

公园的公厕应该为电动轮椅的使用者提供更大的面积。需确保在设置散热器或管道后，公厕的可使用面积仍不低于要求的最小值。

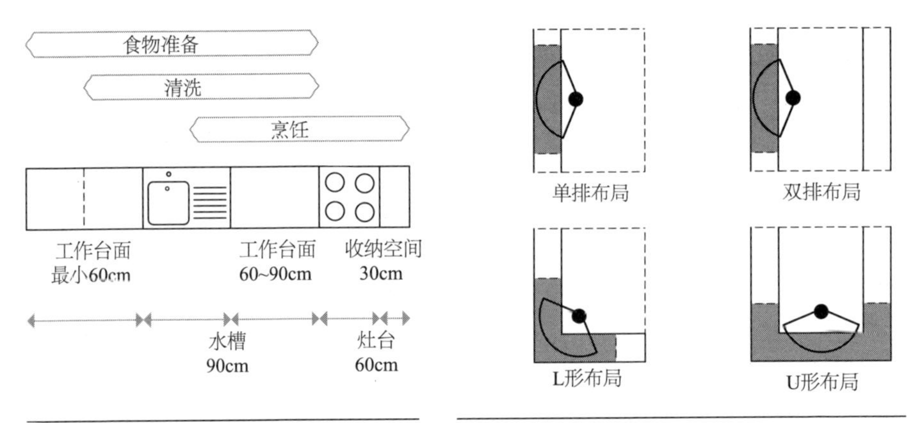

图6-18 厨房内的工作流程和工作空间

图6-19 不同类型的厨房对应的工作区域和活动半径

6.7 厨房与餐厅

厨房操作的流程

设计厨房时，首先要考虑的是优化厨房内的操作流程。失能状况不同的人需要不同的厨房设计，但道理基本相通。两个操作之间的行走距离越长、高差变化越多，都意味着失能者或老年人在操作中更费力，并使盲人更难判断方向，因此应通过依次组织相应元素使工作区井然有序（图6-18、图6-19）。

厨房空间

由于需要空间活动，厨房面积不能太小。但从另一个角度来说，由于移动距离的增加，在大厨房内的操作对失能者或老年人也会更为困难。窗户在厨房设计中也很重要，特别是工作台面上方的窗户，必须能让轮椅使用者够得着。

尖锐边缘等危险因素应确保消除，尤其是在为盲人和视障人士所做的设计中。门应该能够打开至180°的角度，这样门扇就不会伸入房间里造成障碍。门扇也可以用折叠门或推拉门来代替。

具体的家具

所有的控制装置都必须在使用者容易够到的地方（参见本书“3.2 操作中的障碍”）。由于电源插座通常安装在工作台面上方的墙上，对轮椅使用者来说，它们常常无法触及，更好的选择是最好将这些插座安装在工作台面正前方。冲洗区则通常选用抽拉式水龙头。

在厨房内，轮椅使用者也需要把腿放在工作台面和其他家具下方（图6-20）。设置在较低位置的灶台可方便轮椅使用者随时查看烹饪情况。工作台面的高度也应由使用者的运动方式和体型决定（图6-21、表6-1）。

在为失能者定制的设计中，由于不适合设置位置过高或过低的橱柜，往往会出现储存空间不足的情况。对此，可以采用所谓的“药房橱柜”，这种橱柜带有拉出式抽屉，容量较大且节省空间。橱柜的设计也应该考虑到失能者很难够到离地面不足30cm高的东西。

用餐区域

如果在厨房里设置用餐区，那么意味着部分厨房工作可以在餐桌上进行。而对于独立设置的用餐区，则应能让人从厨房和起居室进入。对于听障人士和聋人来说，厨房和起居室之间有视线联系也可以

图6-20　下方留出空间的厨房水槽，适合轮椅使用者

图6-21　设置在较低位置的灶台，适合轮椅使用者

表6-1　不同身高对应的工作台面高度

身高	工作台面高度
轮椅使用者	70~80cm（下方空间高度67cm）
155cm	85cm
160~165cm	90cm
170~175cm	95cm
180~185cm	100cm
190~200cm	105cm

方便交流。

6.8 阳台与露台

设置在建筑物首层的露台或阳台，可以将轮椅使用者和行动不便者的起居空间延展到他们原本较难到达的户外区域，同时方便他们前往户外的路网。另一方面，阳台和凉廊可对私人领域起到更好的保护效果。屋顶和每一侧的遮护装置（遮阳板、雨篷、百叶窗等），都能防止他人向内窥视，同时也不阻碍空气的流通（无论天气如何）。如果阳台或凉廊朝向南或西，则需要有充分的遮阳措施。

尺寸　规划室外区域时，必须考虑到轮椅使用者比其他人需要更多的活动空间。此外，最好为桌椅提供足够的空间，并让使用者对周围环境拥有尽可能宽阔的视野（图6-22）。

护栏高度　护栏必须满足防坠落的要求，并为居住者提供安全感，同时尽量确保不遮挡轮椅使用者的视野（图6-23）。

通往阳台和露台的门应该有易于操控的把手。在室内地面铺设保温层通常会造成室内外有15cm的高差，这个高差可以通过巧妙的建筑细部设计（如可以让轮椅轻松驶过的有盖排水沟）来抵消，以使轮椅使用者往来于室内外时可以无障碍通行。（参见本书“5.1　建造中的构件”）

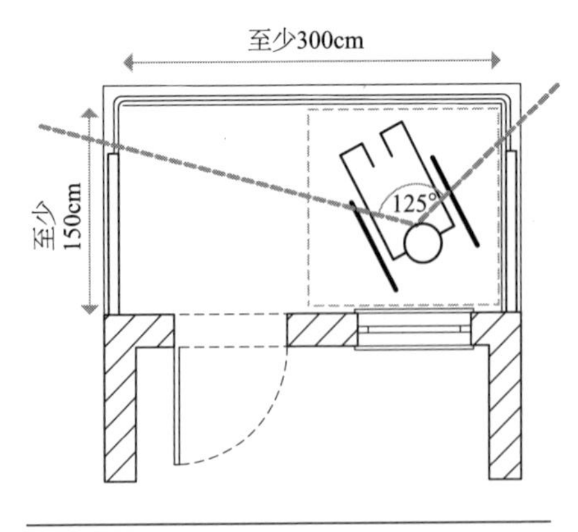

图6-22　轮椅使用者所需的最小阳台面积

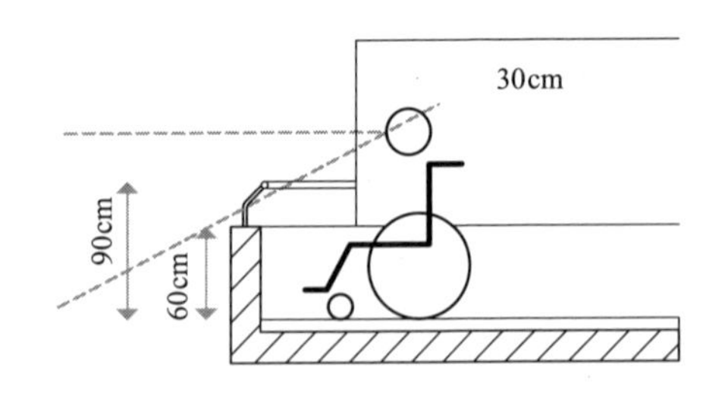

图6-23　为轮椅使用者分段设计阳台的护栏高度

7 室外设施

街道与户外区域必须满足通用性要求，因为它们面向各种年龄段和能力状态的人。

在实践中，由于地形条件、历史街道的自然生长形态，以及其他限制因素，这一点往往很难实现。但设计师应始终考虑如何改善各种地点的条件，尽量减少障碍或提供能绕开障碍的路径。

7.1 人行道与开放空间

影响人行道无障碍的设计因素有：

— 人行道宽度

— 纵向和横向坡度

— 铺装材料

— 路缘石的位置和形状

— 导盲设施的布置方式（参见本书“7.2　室外引导系统”）

大型开放空间是一种特例，因为这类空间会使视障人士难以辨别方位。绿地和游戏区的设计也应确保每个人都能独立地使用。

人行道的最小宽度

人行道应至少有150cm宽。如果路面不平，人行道应更宽（大于或等于165cm）以方便轮椅使用者控制轮椅；180~200cm的宽度可允许两辆轮椅同时通行（图7-1）。

坡度

对于轮椅使用者来说，纵向坡度不应大于6%。在这方面，对无障碍路面的需求可能与防止雨水积聚的排水需求相冲突。排水沟必须足够浅，以便于轮椅驶过。另外，也可以设计一个微小的横向坡度用于排水，有了横向坡度，排水就不必仅依赖纵向坡度了。横向坡度不能过于明显，以免给轮椅使用者带来转向的困难。带有横向坡度的道路必须设置防坠落屏障。

路缘石

对于行动受限的人（尤其是轮椅使用者）来说，路缘石是主要障

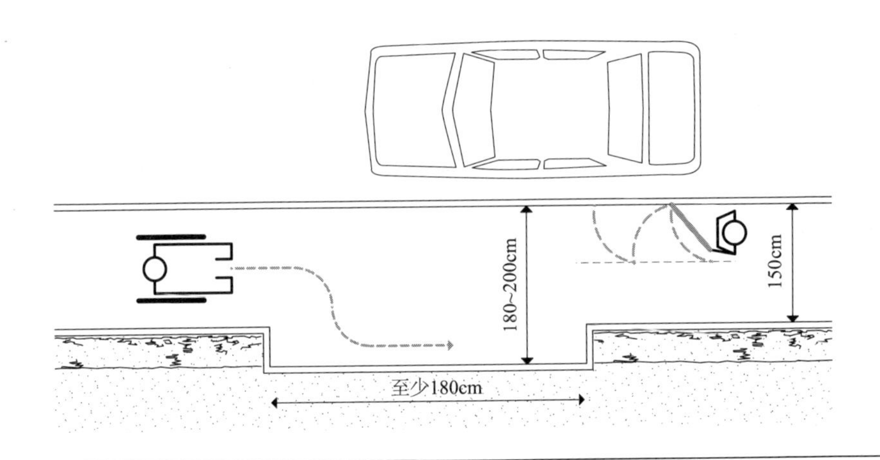

图7-1　人行道上的轮椅错车位置

碍之一（图7-2）。为了让轮椅轻松驶过，路缘石的高度应控制在2cm以内，且仍应能被盲人的手杖触探到。让路缘石不同于地面铺装，对视障人士亦有帮助（图7-3）。人行道与自行车道必须差异明显。在绿地上，道路两侧的标记（如草坪边缘的石头）能让盲人感知道路的走向。

栏杆与路障

许多栏杆与路障很难被盲人通过手杖探查识别出来。它们往往不接地，手杖会从它们下方探过，因此无法发现它们的存在（图7-4）。为了减少这种情况可能导致的风险，可以在地面或接近地面的位置增加一个水平向的障碍物，或在栏杆与路障下方的地面设置警告标志。

路桩和类似的固定装置彼此之间必须相隔100cm，以便轮椅通过。它们也应有足够高度，以使盲人或视障人士能够用手杖探及，从而减少他们被绊倒的风险。出于同样的考虑，头部的高度上不能有障碍物，因为这些障碍物无法被手杖探及，而且可能会造成严重伤害。如果盲人无从得知自己熟悉的路线上存在施工情况，那么没有做好安全防护的道路施工就会成为重大危险源（图7-5）。（参见本书“4.4　为视障人士与盲人而设计”）

休息区域的座椅

老年人和行动不便的人，尤其会从规律设置的休息区和座椅受益。在街区和公园内，最好每隔100m就有一把长椅。在长椅旁边，应提供一个存放轮椅、婴儿车等的空间（图7-6）。

图7-2 让轮椅难以通行的路缘石

图7-3 结合了无障碍路缘石和导盲砖的设计

图7-4 道路尽头的警戒标记是导盲杖探测不到的

图7-5 在道路交叉口，有围挡的施工坑对盲人构成危险

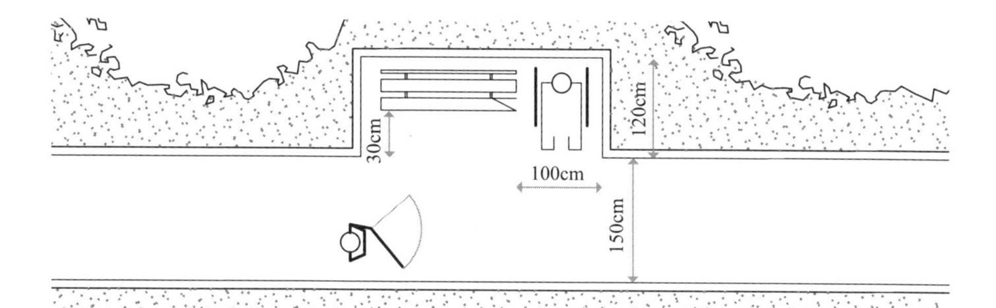

图7-6 向路侧凸出、带有轮椅空间的室外长椅区域

有横向坡度的道路必须有防坠落装置。如果纵向坡度在4%~6%，应每隔6~10m就为轮椅使用者提供一处水平的休息平台。

地面铺装

只有防滑、摩擦力强且能够平铺的材料，才能被用作地面铺装。即使在表面脏污、潮湿或被雪覆盖的情形下，它们也必须为鞋子和轮椅提供足够的摩擦力。混凝土板、浇筑的沥青或类似的铺地是符合标准的。然而，铺装不应过于粗糙，因为这会增加轮椅行进时所受的阻力。

采用不同的铺地材料或铺设图案有助于行人辨别方位。

7.2 室外引导系统

引导系统和地面标记物可帮助视障人士在户外寻路，特别是在非常需要保证安全的地方，如铁路站台（图7-7、图7-8）。

行进盲道、定界带、标记带和危险警示地面被用于标明和提醒方向的改变与危险区域。

行进盲道

行进盲道可将路线标记出来。这些条带由带有凹槽的地面指示砖组成，宽度在25~60cm。凹槽应始终沿着行进方向。当铺设在平整的区域时，它们最容易被辨识。在盲道引导系统的起点和终点必须设有标记，该标记应使用大约90cm × 90cm的警示带，或与路径等宽的标

图7-7　站台边缘的导盲砖

图7-8　公交站的导盲砖

图7-9　由砖块铺地标记出的路径，被障碍物所阻挡

图7-10　铺地边缘的宣传板和其他障碍物

记带。

行进盲道也有助于人们与交通车道和铁路保持距离。它们应该距离边缘50~60cm。如果所在位置较为狭窄，行进盲道可以铺设在距离边缘30cm处。行进盲道必须与各种固定物保持至少50cm的距离。

○

提示盲道

提示盲道标记出分叉的路线、方向的改变、地面高度的变化，以及公告信息栏的位置。它们应该明显地宽于行进盲道（至少宽60cm，最好宽90cm）。触感圆点很适合用在提示盲道上，因为它没有方向性。提示盲道应当能被脚轻易感知识别。使用非常规的材料（如弹性材料）或明显不同的表面结构（如圆点），可以让提示盲道区别于行进盲道。高度为4~5mm的圆点突起，很容易被脚或导盲杖感觉到（图7-11、图7-12）。除了提示盲道，人行道上的标识带也能让过街横道更好找（例如，有的标识带提示了交通信号灯控制器的位置，而控制器通常就设置在过街横道边缘）。

引导系统使用的材料

引导系统可以使用混凝土板、瓷砖、瓷板、硬橡胶、金属或天然石材。所用材质的声学、视觉和触觉特性，必须区别于周围的铺装。

○ **注：**在没有盲道引导系统的街道上，盲人可以通过利用其他触觉元素和各类边缘来确定自己的方向。然而，这些元素往往被街道设施、广告牌、停放的自行车等挡住，造成了潜在的危险（图7-9和图7-10）。

为了方便人眼辨认，地面标记物的亮度必须与周围铺装形成鲜明的亮度对比。

信号系统

除了地面上的引导系统，街道上还需要有听觉信号，例如让视障人士了解红绿灯当前状态的信号音。红绿灯应安装时钟和振动板，以便盲人或视障人士感知信号。时钟会发出有规律的信号声，以帮助视障人士确定红绿灯的位置。当处于绿灯时，这种声音会发生明显变化（图7-13、图7-14）。振动板为视障人士或听障人上提供了额外的帮助。当绿灯亮起时，外板会发生振动。

图7-11　行进盲道和提示盲道的表面构造不同

图7-12　临近转弯处的提示盲道

图7-13　交通灯上的蜂鸣器

图7-14　配备有触觉和听觉引导的交通信号灯系统

信号装置的排列必须与人行横道平行。当行人与自行车使用的横道相邻，并共用信号装置时，横道两侧都应设有装置，以便步行和骑行者各自使用。

○

在信号装置的下边缘应设置一个凸起的箭头，以通过触觉提示行进方向。在这个位置还可以设置轨道交通或安全岛的警报按钮。

安全岛的活动空间，应该至少300~400cm宽、250cm深，从而让轮椅使用者能够安全通过。

7.3 停车场与车库

私人住宅和公共建筑，都应为失能者提供停车位，3%~5%的车位应预留给失能司机。无论如何，公共建筑都应该至少设置一个无障碍停车位，而且必须用轮椅标志清楚地标示出来（图7-15）。

并非只有失能者有特殊的停车需求。带孩子的父母也喜欢较宽的停车位——携带孩子和婴儿车时，就像带轮椅一样，需要车辆旁边有较大的空间。

无障碍停车位应尽可能靠近建筑物的入口或停车场的出口，这两个地方都应轻松可达，且应设置3cm高的路缘石和视觉上的标记，从而让轮椅使用者得以独立通行。

平面布置中的尺寸

无障碍停车位必须是面积加大的。除了尺寸要与他们的车辆相匹配，它还必须宽大到能让使用者从车上转移到轮椅上。因此，它至少需有350cm宽，还应比普通停车位更长，以便从汽车后备厢中将轮椅取出。因此，停车位的长度应至少为750cm（图7-16）。

当无障碍停车位的排列方向与道路方向相垂直时，相邻车位之间的空间可供两侧车的轮椅使用者共用（图7-17）。而当无障碍停车位与道路相平行时，应确保司机能从面向道路的一侧安全下车。否则，

○ **注：** 可控的人行横道，是指有交通信号灯或其他过街辅助设施的人行道，它区别于仅设置斑马线的不可控人行横道。

汽车必须离道路足够远，以免司机下车时发生危险。停车位的坡度也必须是水平的，以防轮椅滑向道路。与其他失能者无障碍停车位一样，与道路平行的车位也必须足够长，以确保轮椅使用者正常使用汽车后备厢（图7-18）。

图7-15 指定的无障碍停车位通过坡道与人行道相连

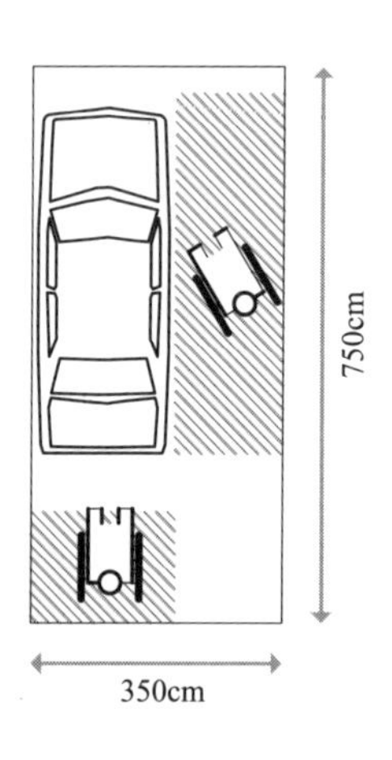

图7-16 适合失能者使用的停车位考虑了轮椅回转空间的需求

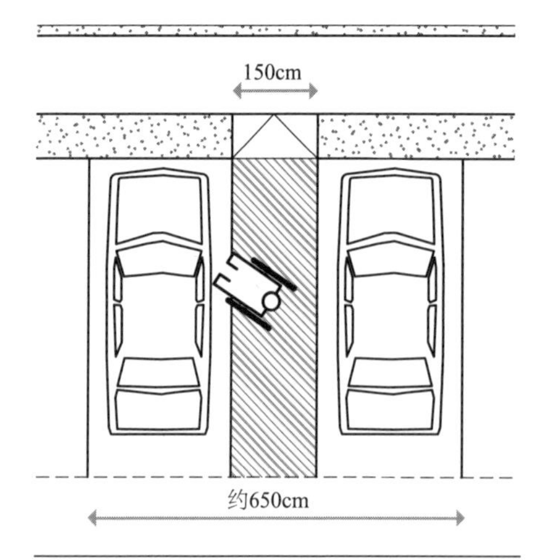

图7-17 相邻两个车位共用出口空间

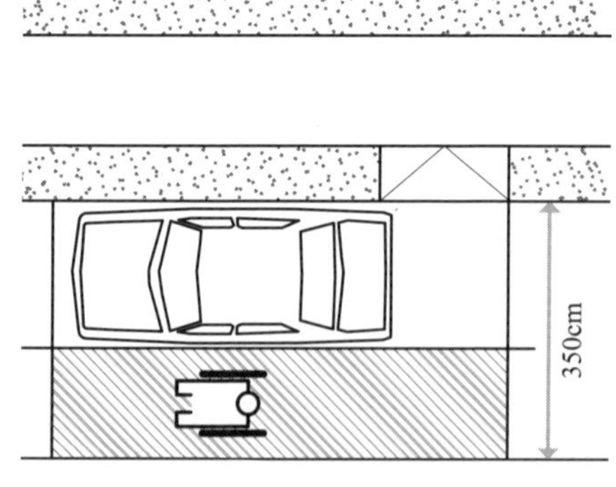

图7-18 与通行方向平行布置的停车位

为单个使用者而设计的车库，必须有足够的空间。私人车库的车库门应是自动且可遥控的。

车库

多层或地下的车库需要有适合失能者使用的电梯。在多层的车库中，无障碍停车位应安排在地面层。这样，在火灾发生、电梯无法使用的情况下，也能够疏散轮椅使用者和行动不便者。由于售票机等控制装置对于在车上的失能者来说较难触及，所以多层或地下车库的无障碍停车位也可以考虑布置在入口栏杆之前。

对于大型车库，停车引导系统尤其值得推荐。该系统应展示出无障碍停车位的位置，并指示空闲状态的停车位。地面和墙面上的标记、配色方案或安装在特定位置的灯具，都可以帮助辨别方位。地面上的标记也可以引导行人到电梯、楼梯间和出口处。

辨别方位

8 结语

无障碍设计和建设，不仅仅关乎规范和各种要求。它表达的基本信念是每个人都应被社会所接纳。除本书描述的技术方法之外，“为所有人设计”的真正含义是回应残障人士在日常生活中的需求，重点是承认障碍的存在并进而消除它们。提升对失能群体需求的敏感程度，是一项意义深远的社会议题。

建筑师和工程师所做的设计，在日常生活环境的塑造中起着主要的作用。因此，他们可以创造各种合适的条件，以达成一个障碍尽可能少的世界。法律和规范中包括了通用的建议和适用于特定情况的参数，必须在设计时加以参考。然而，并不存在简单的无障碍设计解决方案。根据使用者和建筑项目本身的情况，设计者应该努力寻找个性化的、长期化的解决方案。无障碍建筑在帮助目标群体的同时，其灵活性和可持续性也有利于全体的使用者。

9 附录

规范与标准

E ISO 3864	图形符号——安全颜色和安全标志 （Graphical symbols—Safety colours and safety signs）
ISO 4190-5	电梯（升降机）安装——控制装置、信号和附加装置 [Lift (elevator) installation—Control devices，signals and additional fittings]
ISO 21542	建筑施工——建成环境的无障碍性和可用性 （Building construction—Accessibility and usability of the built environment）
EN ISO 9999	失能者辅助产品——分类和术语 （Assistive products for persons with disability—Classification and terminology）
EN ISO 10535	用于转移失能者的升降机 （Hoists for transfer of disabled persons）
ISO/TR 11548-1	盲人交流辅助工具——布莱叶盲文的标识符、名称和编码字符集分配 第 1 部分：布莱叶盲文标识符和移位标记的一般准则 （Communication aids for blind persons—Identifiers, names and assignation to coded character sets for 8-dot Braille characters— Part 1: General guidelines for Braille identifiers and shift marks）
ISO/TS 16071	人机系统交互的人体工程学——人机界面无障碍指南 （Ergonomics of human-system interaction—guidance on accessibility for human-computer interfaces）
28 CFR Part 36 (USA)	公共场所和商业设施中对于失能的无差别对待 ADA 无障碍设计标准 （Nondiscrimination on the Basis of Disability by Public Accommodations and in Commercial Facilities; ADA Standards for Accessible Design）
EN 81-70	电梯建造和安装安全规则 （Safety rules for the construction and installations of lifts）
EN 614-1	机械安全——人体工程学设计原则——术语和一般原则 （Safety of machinery—Ergonomic design principles—Terminology and general principles）

（续）

EN 12182	失能者的技术辅助器具 （Technical aids for disabled person）
EN 12217	门——操作力度——要求和分类 （Doors — Operating forces— Requirements and classification）
EN 12464	照明——工作场所的照明 （Light and lighting—Lighting of work places）
prEN 15209	导盲砖指示规范 （Specification for Tactile Paving Surface Indicators）
EN 60849	应急音响系统（IEC 100/540/CDV） [Sound systems for emergency purposes (IEC 100/540/ CDV)]
DIN EN 17210	建成环境的无障碍性和可用性——功能要求 prEN 17210:2019 （Accessibility and usability of the built environment— Functional requirements; prEN 17210:2019）
EU Directive 2016/2102	关于公共网站和移动应用程序无障碍性的规定 （on the accessibility of the websites and mobile applications of public sector bodies）

图片来源

图3-1、图5-1、图5-9、图5-10、图5-21、图6-10、图6-21：比尔吉特·韦纳（Birgit Wehner），费森梅尔学校（Felsenmeerschule），LWL 海默特殊教育学校（LWL-Förderschule in Hemer）。

图3-2：阿德里克·西穆特（Adrian Simut），伦敦。

图3-4、图3-6、图5-5、图5-16、图5-24、图6-2、图6-13、图6-14、图7-2、图7-14：莱亚·伯姆（Lea Böhme），迈克尔·U.格罗兹（Michael U. Grotz）。

图4-2、图4-3、图5-2、图5-17：拉赫尔·祖格（Rahel Züger），AWO儿童日托中心（AWO Kita Schalthaus Beisen），德国埃森。

图4-4、图4-5：贝斯特罗西（Bestrossi），www.wikimedia.de。

图7-7：www.wikimedia.de。

图6-11、图6-12、图6-20：哈约·哈姆斯（Hayo Harms），身障群体活动中心（Zentrum für Körperbehinderte），基里安斯霍夫住宅（Wohnanlage Kilianshof），德国维尔茨堡。

其他图片均由作者提供。向阿德里安·西穆特（Adrian Simut）在绘图中提供的协助致以特别的谢意。

作者简介

伊沙贝拉·斯奇巴（Isabella Skiba），工学硕士（Dipl.-Ing.），自由建筑师，常驻德国多特蒙德。

拉赫尔·祖格（Rahel Züger），工学硕士（Dipl.-Ing.），建筑师，常驻德国多特蒙德和埃森。

参考文献

[1] Christian Schittich (ed.): *In Detail: Housing for People of All Ages*, Birkhäuser, Basel 2007.

[2] Oliver Herwig: *Universal Design: Solutions for Barrier-free Living*,

Birkhäuser, Basel 2008.

[3] James Homes-Siedle: *Barrier-Free Design: A Manual for Building Designers and Managers*, Architectural Press, New York 1996.

[4] Wendy A. Jordan: *Universal Design Home*: *Great-Looking*, *Great-Living Design for All Ages*, *for the Abilities*, *and Circumstances*, Rockport Publishers, Beverly/MA 2008.